直觉陷阱

30 种关键心理效应
让我们摆脱认知偏误
拥有理性与感性

高登第 著

华东师范大学出版社
·上海·

图书在版编目(CIP)数据

直觉陷阱:30种关键心理效应,让我们摆脱认知偏误,拥有理性与感性/高登第著. —上海:华东师范大学出版社,2024
ISBN 978-7-5760-4727-1

Ⅰ.①直… Ⅱ.①高… Ⅲ.①心理学—通俗读物
Ⅳ.①B84-49

中国国家版本馆 CIP 数据核字(2024)第 055143 号

版权所有 © 高登第
本书版权经由时报文化出版公司授权华东师范大学出版社有限公司简体中文版
委任英商安德鲁纳伯格联合国际有限公司代理授权
非经书面同意,不得以任何形式任意重制、转载
ALL RIGHTS RESERVED

上海市版权局著作权合同登记 图字:09-2023-0743 号

直觉陷阱:30种关键心理效应,让我们摆脱认知偏误,拥有理性与感性

著　　者　高登第
策划编辑　彭呈军
责任编辑　朱小钗
责任校对　时东明
装帧设计　刘怡霖

出版发行　华东师范大学出版社
社　　址　上海市中山北路3663号 邮编200062
网　　址　www.ecnupress.com.cn
电　　话　021-60821666　行政传真 021-62572105
客服电话　021-62865537　门市(邮购)电话 021-62869887
地　　址　上海市中山北路3663号华东师范大学校内先锋路口
网　　店　http://hdsdcbs.tmall.com

印　刷　者　上海盛隆印务有限公司
开　　本　890毫米×1240毫米　1/32
印　　张　6.75
字　　数　123千字
版　　次　2024年5月第1版
印　　次　2024年5月第1次
书　　号　ISBN 978-7-5760-4727-1
定　　价　58.00元

出　版　人　王焰

(如发现本版图书有印订质量问题,请寄回本社客服中心调换或电话021-62865537联系)

推荐序一　系统性思考是破解直觉陷阱的最佳途径

目前心理学已经越来越受到了大众的关注,但大多数人对于心理学的理解程度,仍然是停留在表层或个人经验层面。例如每当我介绍自己的专业时,最常遇到的问题便是:"是不是学心理的人能够一眼看穿别人?"或是"星座或是塔罗牌的算命结果准确吗?"

在高登第教授这本《直觉陷阱:30种关键心理效应,让我们摆脱认知偏误,拥有理性与感性》的第12章"巴纳姆效应"(Barnum Effect)中,便对上述的问题提出了自己的思考。书中指出如果命运已经注定的话,算命也不过是提前知道而已,理应无法加以改变。如果通过算命提前知道未来可能会有不好的事情发生而预先因应,并试图加以改变,如果此种改变命运的做法奏效的话,岂不是就变成命运并非是已然注定的?因此,这与是否相信算命无关,只不过是逻辑问题而已。

由于我的研究兴趣在积极心理学与心理健康领域,因此本书的第21章"负面偏误"(Negativity Bias)也引起了我的重点关注。

"负面偏误"的主张与积极心理学所强调的乐观看待事物的观点，乍看之下似乎背道而驰。但是负面偏误强调的是人的非理性思考层面，也就是说负面事物的权重与影响力，远远高于正面事物！正由于负面偏误效应的强大影响力，常常会导致人们做出非理性的决策。为了避免负面偏误所带来的影响，高教授在书中建议读者应多采取系统性的思考（systematic thinking），也就是不要沉溺于单方面的信息，唯有通过多方面的综合思考，才能避免负面偏误效应的冲击。

高教授是我学术圈的多年好友，他在台湾的新竹清华大学，我在北京的清华大学，皆任教于心理学系，学术专长虽然有不少差异，但我们共同的努力方向，都在于试图能将心理学的理论和观点，以简单明确的方式传播于大众。有幸能在高教授这本新作出版之前拜读，深感受益，因此乐意为之推荐。希望读者在阅读完此书之后，能够在日常生活中做决策时多一些理性思维，避免因为认知偏误而踏入直觉陷阱。

孙　沛
清华大学积极心理学研究中心主任
脑与智能实验室研究员

推荐序二　心理学与经济学共舞之美妙篇章

心理学与经济学向来是社会科学中的两大支柱，原本独立发展，互不隶属。但自从行为经济学派兴起之后，两者已逐渐水乳交融，沛然莫之能御成为主导近20年来经济学的主流发展领域。

高教授的这本《直觉陷阱：30种关键心理效应，让我们摆脱认知偏误，拥有理性与感性》，乍看之下，是以心理学的各种效应作为基础，来教导大家如何因应日常生活的决策，勿以直觉作为判断的唯一标准，以避免作出不当的决策。仔细拜读了高教授的这本书之后，才赫然发觉，其实许多心理学效应背后都是以经济学的原理为基底。

第4章"沉没成本谬误"便是其中一个例子。个体经济学主张，任何决策制定时仅单纯需要考虑预期成本，对于已逝去的沉没成本完全不必加以考虑，因为沉没成本已然形成无法挽回。如果人们在作决策之际，同时也将沉没成本列入考虑，反而可能会造成决策资源的效率欠佳，甚至因此作出非理性之判断。换句话说，以经济学家的眼光来看，考虑沉没成本往往会形成决策资源的非理性分配（irrational allocation of decision resource）。

第8章"现状偏误"也是一个很有趣的经济心理学现象。2002年诺贝尔经济学奖得主卡尼曼教授指出，人们对采取新行动所导致的不良后果，通常会比人们采取不作为而导致的不良后果感到更大的遗憾。从经济学的观点来看，无论是否采取新行动的作为，如果都会导致不良后果的话，此种不良后果的程度，从理性的观点来看应属等价（equivalence），也就是在程度上应该并无差异，但事实上，一般人可能会产生"早知道就不这么做了"的认知。因此，现状偏误普遍存在于人们的日常生活决策之中，也就不足为奇了。

前述的卡尼曼教授成功地把经济学上的展望理论（prospect theory），延伸到探讨理性决策者如何计算不同方案的预期效益，并试图将此种预期效益极大化。第13章的"框架效应"就说明了人们面对外界信息的刺激时如何计算此种预期效益。原本框架效应探讨的是同样的信息刺激内容，因为框架呈现的方式不同，会让人们主观上产生不同的预期效益。然而就经济学的观点来看，如果人们是理性的话，相同的信息内容，无论呈现的方式如何，所造成的预期效益理当相同，也就是统计上的期望值并无二致。那为何人们会产生不同的预期效益呢？那可能就必须回溯到1978年诺贝尔经济学奖得主赫伯特·西蒙教授所提出的"有限理性"主张了，即人的理性是处于完全理性和完全非理性中间的

"有限理性",也就是说就人性来看,可能只有相对理性的存在。

无论从学理层面或是实务层面来看,经济上的计划行为(planned behavior)常受到外界不可抗力因素或突发事件的影响,而与原本计划的预期效益产生落差,此种非预期的选择行为(unexpected choice behavior),有可能违背古典经济学所主张的完全理性(perfect rationality)观点,唯一可以解释的理由便是人的日常生活决策也可能同时受到心理因素的影响。也就是说,人的决策恐无法以传统经济学的观点加以诠释,必须同时考虑心理学的层面。

高教授是我相识近20年的老朋友,他在学术上的表现有目共睹,此次让我很惊讶的是,他能够将学术上的理论融会贯通运用到日常生活决策之中,摆脱了学者向来被外界视为"关在象牙塔中的一群人"的偏见。此次有幸在新书付梓之前拜读,诚感欣慰,特为文加以推荐。希望读者在阅读完此书之后,也能对日常生活的决策品质有所强化。

西安交通大学经济与金融学院　冯涛教授

推荐序三

我在台湾新竹清华大学咨商中心服务及在担任咨商心理师期间，接触过的个案几乎都带着情绪困扰议题而来，无论是在亲密、人际、亲子关系上，还是课业学习、生涯规划、工作上，情绪困扰引发的源头是自身如何看待事件及对经验的诠释，而通常这些想法多少都带有认知扭曲及偏误，因而导致行为及抉择上无法解决日常生活中碰到的问题。而个案面临的情绪困扰现象也正如高教授所撰写的这本《直觉陷阱：30种关键心理效应，让我们摆脱认知偏误，拥有理性与感性》中提到的捷思法（heuristics）所形成的直觉，而如何修正这种自动化想法，方可避免自我认知偏误，在行为上才能采取更适当的问题解决方法并改善情绪困扰。

这本书的特色是将原本很艰涩的心理学学术名词以非常浅白的方式加以诠释，并将其融入日常生活之中予以探讨。我曾经听过一个笑话："所谓的专家学者就是把简单的事情处理得看起来非常复杂，以彰显他的知识高度与人不同。"其实不然，高教授的这本书深入浅出、引人入胜，愈见其功力之高深。此外，全书编排方式是由 30 个独立的小章节所组成，相当适合忙碌的现代人抽空分批阅读。每一章的开头先谈一个容易造成人们认知偏误的心理学效应，并介绍这些心理学效应的起源与发展，后续再接着分析大家日常生活中常见的案例，从教育、工作、爱情婚姻，甚至于人生的价值观，无所不包，可说是涵盖了许多人一生中所可能遇见的场景。

例如本书第一章所探讨的"参考点效应"便十分精彩。该章中提到的"社会比较理论"，正是我从事心理咨商服务工作时常遇到的关键解决手法。现代人在上学时比成绩，就业后比工作薪水，为人父母后又再去比子女成就高低。中华传统文化背景下的家长们大多持有"不能输在起跑点"的观念，这个观念也根深蒂固地植入孩子脑海，使得孩子们咬牙苦撑、无法享有快乐的童年，最终也导致孩子未来面对各种竞争时无法有效排解压力，而可能发生一辈子无法挽回的事！

书中另一章谈论犹豫不决心态的"布里丹毛驴效应"也十分有趣。在该章中提出了一个大家似曾相识的阿拉丁神灯故事，但其内容寓意又和大家所了解的情节不同，主要便是围绕着犹豫不决所造成的遗憾悔恨展开。在中华传统文化下也常看到内化的完美信念，不容些许错误与失败；但其实，人生在世不必事事力求完美。如果执着于要求自己每件事情都处理得完美无瑕，很有可能会产生犹豫不决的心态，反而造成错失先机而两头落空。

近年来书市上关于科普心理学的书籍犹如浩瀚大海,虽然其中也有些许佳作,但是绝大多数是翻译作品,毕竟与我们所处的时空背景有些许出入,再加上东西文化的差异,总令人有些许格格不入之感。高教授所撰写的这本书《直觉陷阱:30种关键心理效应,让我们摆脱认知偏误,拥有理性与感性》则完全是以本土的生活案例做探讨,十分契合现代人的生活情境,对于读者的未来人生道路,具有相当强的实用性。

在看完这本精彩的科普心理学书籍之后,不但对我个人在心理学知识上产生更多的启发,也提供了相当好的素材供我在心理咨商辅导实务上运用,相信读者在阅读完本书之后,不但能够吸收心理学的相关知识,同时也能应用于实际生活,对于处世,甚至于未来人生的规划,均具有相当大的助益。总而言之,这本书对于现代人一味地相信直觉所可能产生的认知偏误,更是具有相当的拨云见日之功!

台湾新竹清华大学咨商中心副主任 吴怡珍 博士

推荐序四

我很高兴看到高登第教授撰写了这本书，更在书中真切感受到，他想通过浅显易懂的文字及案例来传达心理学中与认知偏误有关的知识，让一般民众都能看得懂，也知道自己在生活中可能犯了哪种认知偏误，及对自己造成了何种影响。

本书各个章节采用的基本架构，是将各种心理效应的起源及定义说明做了清楚的标示，再融入本土的生活化案例，让读者更了解该偏误是如何不知不觉地存在于我们日常生活之中。此外，对于如何避免这种心理效应所带来的认知偏误，作者在书中都有详细的说明，最重要的是，文末还提供了作者自己的反思及叩问，非常用心，令我印象深刻。

真正的专家，不是用深奥难懂的词汇或文字考倒读者，以证明自己的专业水平，而是能将难懂的理论或专有名词，用更贴近社会大众的习惯及视角，将所学传达并促进知识的流通。阅读后，呼应作者撰写本书的初衷,我想说——这本书做到了!

临床心理师 李菁瑜

序言

市面上有关于励志的书籍林林总总,浩如烟海,与其把这本书定位成励志书籍,倒不如把它称为反励志书籍更为恰当!但本书并不是教人意志消沉,而是希望通过跳脱自我的心理偏误,而达到相对理性决策,甚至于更豁达的人生,这才是本书的目的!

我在教授社会心理学的第一堂课往往告诉大家,这世界上只有两种人:不理性的人,与非常不理性的人!这世界上几乎没有绝对理性的人存在!1978年诺贝尔经济学奖得主美国经济学家兼认知心理学家赫伯特·西蒙(Herbert A. Simon)提出了"有限理性"(bounded rationality)的观点,该观点主张人的理性是处于"完全理性"与"完全非理性"中间的"有限理性",此一说法更加印证了这世界上没有绝对理性,而只有相对理性的存在!

经济学与心理学向来是社会科学当中的两门显学,本人有幸在求学生涯当中恰巧以经济学与心理学作为研究方向。平心而论,与经济学相较,心理学似乎更能贴近现代人的需求。一般民众未必熟悉当前的经济增长率或是各种个人的投资渠道是否具有前景，但是每个人自身的心理层面问题不容小觑。小至个人的心理健康，大至个人的认知偏误，都影响到我们对外界人事物的判断，一旦判断失准，可能就会造成生活受到影响，甚至影响心理健康。

曾经有一位长辈打电话给我，他告诉我他心灵上感觉很空虚。由于我知道他的经济实力，所以我建议他不妨多参与一些类似义工回馈性的社会活动，他却一口回绝，觉得与其花时间在做没有物质回报的工作，不如把时间花在那些能够获取更多金钱报酬的工作之上。我当下只是笑笑地回复我尊重他的选择，不过如此一来，他的心灵空虚问题恐怕仍难以得到解决！

其实人的一生，在辛勤工作之余能够花在物质享受上的时间又有几何？工作赚钱不是就是为了换取更好的物质与精神生活吗？若是一味地只知道努力赚钱却忽略了精神层面的富足，可能就会类似本书关于"适应性效应"的章节中所述"物质效用性愉悦容易消退，但是精神层面的满足似乎较能避免'适应性效应'，可以持续较为久远"，或是会有心里感到空虚的症候产生。

其实几乎所有初期的心理症状，都可以从改变自我做起，若是本身打心眼里就抗拒改变，那么预约再多的心理师去寻求专业的咨商协助，恐怕也于事无补！

在历经职场与学术生涯近 20 年之后，我一直想找机会贡献所学回馈给社会大众，无奈学术工作忙碌，再加上心有旁骛，因此迟迟无法抽空开始动笔。此次在相交近四分之一世纪的时报出版董事长政岷兄积极鼓励与全力支持下,我终于决定排除万难开始构思内容方向。然而在过去近 20 年的学术生涯中所写的文章,几乎都是以英文撰写的学术性文章,虽然进入学术圈之前也与出版界颇有渊源,曾出版过多部翻译作品并获奖,但时隔 20 年没有提笔撰写中文文章,一开始还觉得文字驾驭的功力大不如昔呢!

在本书的 30 个章节当中所提出的各种效应与现象,几乎都是现代人常常会犯的认知偏误。认知偏误本身并不可怕,可怕的是大家不知道自己具有认知偏误,就像是许多患有心理疾病者并不知道自己患有心理疾病一般!

近 10 年以来,书市上已有不少科普心理学的书籍。虽然其中不乏佳作,但以我个人的观点观之,似乎仍有隔靴搔痒之感。其中最主要的原因,便是许多探讨心理效应的科普书籍都是翻译作品,其中所举的例子未必与中文读者息息相关,也就是较为缺乏共鸣点。因此本书各个章节的基本架构安排,均包含各种心理效应的起源、定义说明、本土生活化案例、如何避免这种心理效应所带来的认知偏误,以及对心理健康的启示。

简单来说,我希望以浅显易懂的文字,跳脱市面上许多心理学书籍充斥着专业术语造成阅读障碍的现状,与读者建立起一个更直接亲近的认知通道。也就是说,我希望通过非学术性的文字,将本书定位为"心理学者写给一般读者都能看得懂的心理学书籍",通过生活化的叙述方式,能让大家多了解心理学上的各种偏误效应,从而建立起更正确的价值判断法则,进一步地让自己的心理更加健康。

本书的完成,除了要感谢时报出版董事长政岷兄的全力支持之外,也要感谢悦读线主编谢翠钰小姐的编排建议;同时我也要感谢我的两位同事:台湾新竹清华大学咨商中心副主任吴怡珍助理教授,以及朱惠琼副教授提供咨商领域上的专业意见。这世界上没有各领域皆专精的全能学者,因此集思广益是相当重要的一件事。我们的人生也是一样,没有人是万事通,必须通过个人的交友圈或是人脉,才让人更有机会在这个现代社会中一帆风顺。

最后,我想补充说明一点,本书虽然试图通过分析各种认知偏误而让大家能避免非理性的决策过程;然而,理性的人真的比较好吗?这又是一个大问题!过于理性者通常会给人一种冰冷、难以亲近的感受,而且容易给自己定下过高的人生标准,也就是所谓"完美主义"(perfectionism)人格,而这往往就是痛苦的来源。其实人生没有所谓的一百分,懂得适时地放宽自己的标准,不要对自己和他人过于苛求,一定能提高自己的生活品质,享受生命该有的光辉!

当你陷入情绪困境而无法自拔之际,除了寻求专业的协助之外,亦请记住下面这段话:"这世界上能够真正陪伴你一辈子的不是父母、配偶、子女,而是你自己。"因此,何不从今天开始对自己好一些?无论是物质层面或是精神层面亦然。倘若连你自己都吝惜对自己毫无保留地付出,又怎能奢望他人善待自己?

二○二二年二月于风城 高凤军

目录

Chapter 01　参考点效应 ………………………… 001

Chapter 02　"有为者亦若是"效应 ………………… 007

Chapter 03　破窗效应 …………………………… 013

Chapter 04　沉没成本谬误 ……………………… 019

Chapter 05　"截止期限"效应 …………………… 025

Chapter 06　心理距离 …………………………… 031

Chapter 07　自我实现预言 ……………………… 037

Chapter 08　现状偏误 …………………………… 045

Chapter 09　IKEA 效应 ………………………… 051

Chapter 10	推敲可能性模式	057
Chapter 11	适应性效应	063
Chapter 12	巴纳姆效应	069
Chapter 13	框架效应	077
Chapter 14	灰姑娘效应	083
Chapter 15	比例偏误	091
Chapter 16	"少反而好"效应	097
Chapter 17	费雪宾模式	105
Chapter 18	禀赋效应	111
Chapter 19	心理账户	117
Chapter 20	妥协效应	123
Chapter 21	负面偏误	129
Chapter 22	阿伦森效应	135

Chapter 23　过程导向 vs. 结果导向思维 ……… 141

Chapter 24　乐观偏差效应 …………………… 147

Chapter 25　情绪效应 ………………………… 153

Chapter 26　演员—观众偏误 ………………… 159

Chapter 27　自利偏误 ………………………… 165

Chapter 28　布里丹毛驴效应 ………………… 171

Chapter 29　讯息多面性效应 ………………… 179

Chapter 30　同温层效应 ……………………… 185

Chapter 01

参考点效应
(The Effect of Reference Points)

参考点效应(Effect of Reference Points):参考点效应又称为定锚效应(Anchoring Effect)。2002年诺贝尔经济学奖得主、美国普林斯顿大学心理学家丹尼尔·卡尼曼(Daniel Kahneman),以及斯坦福大学心理学家艾默士·特弗斯基(Amos Tversky)率先应用参考点(reference points)的观点来解释"展望理论"(prospect theory)。人类在进行决策时,倾向于过度依赖内部或外部的现有资讯(亦即"定锚点")作为比较的基础,即使此一资讯与该决策无直接相关性。在进行第一项决策时,人们倾向于利用此"定锚点"作为评估的标准,据以作出决定。在后续的决策中,再以第一个决策作为评估的准则并予以逐步修正。此种"定锚点"最大的问题是如果一开始便与所需制定的决策失焦,将可能影响到后续决策的品质。

"参考点效应"指的是人们在判断时,会使用过去曾经有过的经验值或外在线索(cue)作为判断的标准。"参考点效应"又区分为"内部参考点效应"与"外部参考点效应",过去的自身经验值在心理上产生参考点比较标准是属于"内部参考点"(internal reference point),而对于把从外在环境中所获得的刺激信息当作比较标准的则是"外部参考点"(external reference point)。

心理学的观点指出,无论是"内部参考点"还是"外部参考点","参考点效应"经常是歧视、盲目崇拜与价值误判(value misjudgment)的罪魁祸首。

用一般通俗的话来说,参考点就是人们评估某件事做得好不好的评断标准。在心理学上也有个类似的理论,称为"社会比较理论"(social comparison theory),它是由美国心理学家里昂·费斯汀格(Leon Festinger)于1954年所提出的看法。"社会比较理论"主要是阐述由于缺乏客观的比较标准,人们只好通过和外在的他人做比较,以进行自我评价。参考点则可用于说明上述的评断标准是如何形成的。

基本上,社会比较可以分成"和自己比较"与"和他人比较"两种。"和自己比较"是指自己最近发生的事件和上一次自己发生类似事件的比较,而"和他人比较"是指自己最近发生的事件和他人在同一事件上的比较,而人们通常会犯的毛病便是"和他人比较",以下便举例说明:

我有个朋友三不五时向我抱怨别人的小孩为什么可以念台大医科？为什么可以出国留学？为什么成绩又好又孝顺？为什么我的小孩就这么差劲？我只回他一句：你自己当年成绩好吗？又乖又孝顺吗？他顿时语塞！在论及参考点的时候，我们最常看到的便是上述的"社会比较理论"，社会比较理论主要内容之一谈的便是自己与他人作比较，但为什么人与人之间要作比较呢？

再来看一个例子：你也许在马路上常常看到校外培训机构的电子显示屏显示着："祝贺本班学生林某某在校段考中数学100、张某某全校成绩排名第一名……"我常常在想一件事，现在大学这么多，几乎每个人都有大学可以念，为什么升学压力并没有降低？有一次我问一个家有高中小孩的朋友，对话内容大约如下：

我："你家小孩呢？"

他："去学习数学了，不然怕他'指考'（中国台湾地区大学入学指定科目考试）成绩不好。"

我："现在很多大学都招不满学生，甚至有些公办大学没那么热门的科系也是如此，你为何要担心你小孩成绩不好而没有大学可念？"

他："你不知道啦！我不是担心小孩没有大学可念，考上大学当然没有问题，而是担心考不上重点大学。"

我一听就觉得这是家长的问题，因为现在几乎所有学生都有大学可以念，家长便变得想要自己的子女拼重点大学，那么等以后所有私立大学都不存在,而所有大学全部都是重点大学之时,那是不是大家只要自己的小孩念台大、清华、交大等重点大学呢?

我在大学教书的资历已超过20年,虽然我对目前的教育制度不敢苟同,但我的理智告诉我,目前畸形的升学压力并非全然是教育制度的问题,而是许多家长在传统的升学观念下已经被参考点制约了!也就是说,身为家长者常常会和自己周遭亲朋好友作比较,谁家的小孩考上台大医科、台大电机(台湾顶尖的大学科系)……

诚然出路好的科系固然可以确保未来职场生涯较为顺畅,但私立大学毕业的学生就注定未来一辈子抬不起头吗?我自己眼见的例子未必如此!在自己有兴趣的专业上努力发光发热,未来成就未必逊于那些只会死念书的书呆子。

由于工作环境之故,我认识不少学生时代一路是学霸的人物,这些人当年从建中、北一女(台湾重点高中)一路过关斩将考上台大,然后再考取其他名校的硕士博士,求学之路一路顺遂,最后返台任教。这些在心理学上称之为"top dog"(天之骄子)的人士固然在学术上的表现有目共睹,然而部分人士在学术以外上的表现却乏善可陈(例如社交应对能力、人情世故,甚至生活自理能力等),甚至比不上一般人!

我常常在想,人之所以生而为人,除了在工作领域上需保有一定程度之专业性之外,是否也应均衡发展,才不枉来世上一遭?

在"社会比较理论"当中,和他人比较又可以分为"向上社会比较"(upward social comparison)与"向下社会比较"(downward social comparison)。"向上社会比较"指的就是和比自己优秀的人(或团体)作比较;而"向下社会比较"指的是与不如自己的人(或团体)作比较。社会心理学的理论指出,如果是以个人为比较标的时,采取"向下社会比较",会让你自己感觉比较快乐,因为不会产生自尊受损的情况;但是如果以团体为比较标的的时候,采取"向上社会比较"会让整个团体更加进步。

我常举一个很有趣的例子:通常新娘(新郎)在找伴娘(伴郎)的时候,不会找比自己颜值高的友人来当伴娘(伴郎),以免在婚礼中抢了自己的风采。而在职场中,许多企业会把性质接近的部门(例如房屋中介)划分为许多小组,然后分组竞赛,定期公布评比结果,此举就是在刺激所有员工以期能够产生"向上社会比较"(也就是口语中的"见贤思齐")的心理,为公司创造更好的业绩。

身为一个独立自主的个人,要想不受传统观念的制约,唯有避开参考点与个人的向上社会比较,才会让自己与子女更加快乐!请记住,成绩单上的分数只是一个数字,就如同成人世界中你我的银行存折上之数目,就只不过是一个数字而已,它永远不可能也无法代表一个人的未来成就与生活幸福度!

Chapter 02

"有为者亦若是"效应
(The Me-Too Effect)

"有为者亦若是"效应(Me-Too Effect):"有为者亦若是"效应原本是行销学上常用的一种行销手法,意指后进厂商采取模仿市场领导者的产品功能或市场定位,从而获取消费者原本对领导厂商的认同度,进而达到快速取得销售量与扩大市场占有率的目的。然而从心理学的"第一印象"(first impression)观点来看,大众仍倾向于对先发者赋予较多关爱的眼神,至于copycat终究只是copycat,若一味模仿却无法走出属于自己的道路,未来之发展恐仍属有限。

春秋时期，越国有位美人，名唤西施，长得倾国倾城，她的一举一动都让人眼睛为之一亮。她有胸口不适的老毛病，所以每次发病之时，总是蹙紧眉头，但是在外人看来此时的西施更别有韵致。住在隔壁村的东施长得其貌不扬，有一天看到西施捧着胸口的样子十分迷人，觉得自己若是也摆出同样的姿势，一定能让村民喜欢她，于是她也效法西施捧心的姿势，没想到村民一见到她，反而更加避之唯恐不及。这便是"东施效颦"的由来。

我向来不鼓励大家阅读名人伟人传记，因为看这些书的读者不外乎想通过观察别人如何成功而让自己也能踏上成功的境界。此种心态在心理学上称之为"典范学习"（pattern learning），但是事实往往不然！

因为成功者必有其成功的因素，譬如当时的时空背景以及他个人先天的性格与后天的境遇，等等，这些成功的关键要素都不是通过外在的学习能够模仿或复制的！虽然我不是"命运天注定"主义的信奉者，但不可否认，一个人是否会成功，有时还是需要某种程度的机遇。

从企业经营的观点来看，亦不乏"有为者亦若是"效应的范例。举例而言，台湾某一以小笼包闻名于世的餐厅，我在早年的采访中曾听该餐厅的主事者提及，他从来不担心别的餐厅对入行不久的厨师进行挖角，理由是烹饪技术除了看得见的制式规则以外，所需的经验是无法以文字或书面的形式加以传承的，例如当天的温度、湿度、面团发酵状态等,一切还需心领神会。

套句现代企业管理的观念来看,所谓的"知识管理"(knowledge management)在某些行业上,似乎并不适用。古人说"尽信书不如无书",诚不我欺也!

我常常问一些年轻人的梦想是什么?最常听到的答案便是:"我希望能开一家咖啡厅,店内有着自我喜爱的装潢风格,每天身处有浓厚咖啡香的环境,再加上充满异国情调的法式香颂音乐,有空时可以和上门的顾客话话人生百态,谈谈梦想,这一切不是十分美好吗?……你看某某咖啡厅就经营得很好,我也想要和他们一样。"

对于这些充满天真想法的回答,我常常只是一笑置之而不忍道出真相。当你真的开了一家咖啡厅之后,除了装潢风格之外,你可能要先熟悉各种咖啡豆的特色、考虑各式咖啡豆的品种、进货数量与价格,也许还要操心水电、房租、人事等营业成本,最重要的是来客数目与伴随而来的营业额和利润。以上所提的现实层面问题,往往不是一句"有为者亦若是"便能轻松解决的。

"有梦最美,希望相随"是一句充满激励力量的话语,能够鼓励人们勇敢地朝向自己的梦想前进。只是在追寻希望与梦想的道路上,可能充满了荆棘与挫折,若未能提前做好心理建设,一味地以为能够无风无雨地达成梦想,一旦梦想不如预期般美好顺遂,恐怕一时之间会难以承受,甚至因此而产生自暴自弃的念头,这恐非众所乐见之事。

华人创业的比例在世界上可说是居于数一数二的地位，其根本原因不外乎：老板往往会对资深且身处高位之员工产生功高震主的心态，因而会进一步提防。因此许多人在有了工作经验与人脉之后，若是在公司内又遭遇到升迁的瓶颈，就只好被迫选择自行创业。其中最常见到的理由不外乎是："别人能，我为什么不能？"

然而事实往往就是如此，自己创业之后才发现并不如想象中的那么简单。不是每个人都有足够的本钱或资源像7-11便利店那样，可以被容许连续亏损七年，第八年才开始盈利。

我有位朋友原本在一家本土的小家电公司服务，在公司待了几年以后，自觉已学到相关的生产技术，掌握了客户人脉，最主要的是不认同老板的经营风格与受不了闲气，自认为"连像老板那种人都能成功，我为什么不行？我若是自己出来创业当老板，一定比他强一百倍"，因此毅然决然地辞职并自行创业，进入同一产业，并与原东家形成竞争对手。

孰知人算不如天算，自行创业后才惊觉创业并非想象中那么简单，虽然有梦想与商品创意，但过去二十多年来资金周转一直不顺畅，只能长年累月地挖东墙补西墙，成天为资金周转而发愁，当年的雄心壮志早已成为过眼云烟……我曾经劝他不如早日收山，找一份稳定可靠的工作安等退休。他回答我："我都已经到了这把年纪,怎拉得下脸再去谋职,听命于一些年纪比自己小很多的年轻主管或老板?"

诚然,我的内心其实也很清楚,以当地对中高龄就业者并不算友善的职场环境与风气来看,我这些建议也不过是聊以安慰的空谈罢了。

俗话说:"看人挑担不吃力,事非经过不知难。"看别人做某件事似乎很轻松,所以我应该做来也不吃力。事实上,只看到别人光鲜亮丽的光环而未注意到他人背后的付出,往往是现代人的通病。就如同我们在脸书或微信等社群媒体上,总是看到别人享受美食与旅游等光鲜亮丽美好的一面,而产生"为何别人都那么好命"的想法,却忽略了他人也是努力耕耘一段时间后,才得以偷得浮生半日闲的事实。

每个人都有自己的命运与际遇,绝不可能如同"克隆多莉羊"般地完全复制他人的人生。因此,唯有真正放下"有为者亦若是"的心态,才能有助于你做出相对理性的抉择;勇于开创属于自己的人生道路,才是应有的正确心态!也唯有忠于自己的理想,才能让你摆脱一味羡慕他人的"有为者亦若是"迷思!

Chapter
03

破窗效应
(The Broken Window Theory)

破窗效应(Broken Window Theory)：破窗效应原本是犯罪心理学理论，由詹姆士·威尔逊(James Q. Wilson)与乔治·凯林(George L. Kelling)提出，1982年3月刊登于《大西洋月刊》(*The Atlantic Monthly*)一篇名为《破窗》("Broken Windows")的文章。20世纪90年代，美国纽约市警察局局长威廉·布拉顿(William Bratton)和市长鲁迪·朱利安尼(Rudy Giuliani)将此理论运用于当时纽约市的治安政策，使得纽约市的犯罪率显著下降。"破窗效应"主张，致力于打击一些轻微犯罪和反社会行为（例如，开车超速、乱丢垃圾等），将有助于遏止更大规模与更严重的犯罪。

顾名思义,"破窗效应"是指如果一幢建筑物内有一扇玻璃破碎的窗户未加修理,将可能引起某些不肖之徒打破其他窗户的动机,最后这些人甚至会占据该栋建筑物,并在那儿从事吸毒等不法的勾当,因而造成治安的死角。

同理,不知你有没有发现,有人在街角随手丢了一包垃圾之后,如果环保单位未能及时处理,便会引来他人开始仿效,也在同一地点乱丢垃圾。久而久之,此一原本并非垃圾丢弃处所的地方逐渐形成了小垃圾山,即使环保单位三令五申地劝导,仍然难以遏止此现象。

传统的儒家传统思想一再告诫我们"温良恭俭让",在现代社会中,温良恭俭似乎没有太大的问题,然而"让"似乎颇有讨论的空间。

在早期留学生的群体中曾经流传一则事迹:有一位初到美国不久的留学生,某天驾车出行,在十字路口遇到一辆违规转弯的汽车而发生擦撞,这位留学生因初到美国不久不欲惹事上身,再加上英文尚不是很流利,因此车祸发生之后旋即下车查看,并很诚恳地说了一句"I am sorry!"。孰料这位肇事者向警察告知这位留学生说了"I am sorry!"表示已坦承自己有错(当时并没有行车记录器,或是现代随处可见的监视器等此类科技产品),结果这位留学生莫名地肩负起肇事之责,真正的肇事者反而逍遥法外。

这则小故事并非质疑"温良恭俭让"之不合时宜,而是在现代社会中,"温良恭俭让"必须因时因地制宜,而非一味地容忍退让。有时主动容忍退让,只会造成对方更变本加厉地无视你的存在,把你视为"打不敢还手,骂不敢还口"的懦夫!

也许你常常听到一句话:"吃亏就是占便宜。"我常常在想这句话,为什么"吃亏就是占便宜"?就现实中的逻辑观之,吃亏就是吃亏,何来便宜可占?也许你会说"放长线钓大鱼",然而所谓的"放长线钓大鱼"通常只发生在具有利益算计的情境之中,而非人与人之间的相处。又或许你会想到,韩信尚有胯下之辱,最终还不是助刘邦灭楚兴汉,成就一代霸业?如果没有当年那位欺压韩信的少年一而再、再而三地挑衅,而韩信也都能逆来顺受地百般忍让,那么是否会有后来成为汉初三杰的韩信,恐怕就是个未知数了。

在鲁迅的小说《阿Q正传》中,男主角阿Q在受到欺压时,常常用所谓的"精神式胜利法"来使自己获得感情上的平衡,也就是常常用"我只是不想和对方计较,不然对方早就被我……"的自我安慰法来抚慰早已遍体鳞伤的自己。然而,此种自我安慰的方式真的有效吗?结果往往换来的是无穷无尽的屈辱与恣意的欺凌。

我在国外生活了相当长的一段时间,偶尔也会遇到种族歧视的问题,未必是言语或行为霸凌,较多的是态度层面的歧视。通常我会对第一次的所谓"不公平的对待"抱持着宽容的态度,然而我的逻辑告诉我,一味地退让只会让他人更瞧不起你,更加地想办法找你麻烦。因此,我通常会采取适时适当的反击措施,捍卫自身的权益。多年来,此一做法让我赢得更多的尊重。所以请记得——"当你自己都不懂得,或不愿去捍卫自己的权益之时,就别奢望别人会帮你争取权益。"

在现代社会中,"破窗效应"的现象几乎无所不在。例如,许多电视剧剧情中,都有妇女遭受家暴的情节。剧中的女主角在遭遇家暴之后,总是因为施暴者的一再道歉、保证永不再犯的道歉言行而心软选择原谅,但最后换来的结果,却是惨遭日后无穷无尽的再度家暴,也就是陷入"被家暴—对方道歉—选择原谅—再度被家暴"的无穷轮回。如果受害者在一开始的时候便认清"有第一次就一定会有第二次"的现实,并勇敢地采取法律途径,捍卫自己的权利,那么当可避免日后悲惨的下场。

2021年底发生了一件轰动的亲密暴力事件,某位知名女性被男友囚禁殴打的新闻曝光之后震惊各界,连知名度颇高的女性在面临亲密暴力对待之时,竟然一开始也选择隐忍,最后在新闻曝光之后才选择采取法律手段。此一案件告诉社会大众,即便是身居高位的现代女性在自我保护意识方面,恐仍欠缺足够的认知与了解。

其实,各县市政府警察局都高度重视保障妇女权益,严肃处理家庭暴力事件,若不幸遇到相关事件,不妨向当地警察机关求助,或是拨打家暴保护免付费专线(24小时全年无休)寻求专业社工人员的协助。

　　对于上面的例子，我想表达的是：自己的权利要自己争取，如果只是被动地等待他人协助，恐怕日后自己的权益仍然无法获得保障。就如同"破窗效应"所说的：如果没有小心处理一个破口，很有可能会引发他人竞相采取负面行为的动机，并因此造成日后更大的破口。

　　避免"破窗效应"最重要的关键便是，把那扇破掉的窗户补好，也就是"亡羊补牢，时犹未晚"，以免产生日后一发不可收拾的负面连锁效应，甚或日后失控的场面。其实最好的方式，应该是在一开始产生缺失或破口时，便采取"零姑息"的态度，才能避免"野火烧不尽，春风吹又生"的局面。

　　简而言之，身处现代社会中，一定要懂得适时地武装自己，绝不容许他人蓄意的侵犯，并避免因自己一时的心软宽容，而让他人将自己视为可以恣意欺凌的阿 Q。请一定要记得："忍辱负重并不会换来尊重"，唯有"防微杜渐"才是最佳的自我保护策略！

Chapter 04

沉没成本谬误
(The Sunk Cost Fallacy)

沉没成本谬误(Sunk Cost Fallacy)：2001年诺贝尔经济学奖得主、美国经济学家约瑟夫·史提格立兹(Joseph E. Stiglitz)于1987年发表了一篇名为《科技变化、沉没成本与竞争》("Technological Change, Sunk Costs, and Competition")的文章，该文章中首度提出了"沉没成本"(sunk cost)的概念，泛指那些"已经花费掉且无法收回的成本"。古典经济学(classical economics)中的个体经济学(microeconomics)主张，任何决策制定时仅需考虑预期成本(prospective cost)，而不必考虑沉没成本，因为沉没成本是必然付出的代价。如果作决策时将沉没成本一并考量在内，可能会因为非理性之判断而对于决策之效益和效率造成负面影响。然而，许多人对于已投入之资源(包括时间与金钱)抱有不愿意白白损失之心态，这在心理学上称之为"厌恶损失"(loss aversion)效应。但此种厌恶损失之心态，在经济学家的眼中看来，却往往是非理性的决定，而此种非理性的决策，往往会造成资源的非理性分配(irrational allocation)。

沉没成本谬误的例子，不论是在日常生活中或是在商业情境中都屡见不鲜。

举例来说，你花了钱去看一场有口皆碑的电影，但是看到一半之时，你发觉这部电影并不如预期中好看，这个时候你会忍耐着把这部电影看完？还是会选择提前离场？如果你选择忍耐把这部电影看完的话，是因为不想浪费进场看电影的时间还是因为提前离场会让你觉得白花了电影票的票钱（也就是"厌恶损失"效应）？

从理性的角度来分析，为了不想浪费电影票的票价而忍耐着把一部自己不喜欢的电影看完，真的是明智之举吗？从心理学的角度来看，看电影主要是为了让自己心情放松，属于一种享乐性消费（hedonic consumption）；但是看一部自己不喜欢的电影似乎并没有达到这种效果。虽然提前离场表面上似乎损失了票价与已进场欣赏电影之时间，但及早结束你不喜欢的电影，似乎更能达到原来放松心情的目的，或至少不让自己的心情变差吧？

另外再举个例子，我有一次在香港旺角某个公交车站等机场巴士去香港机场回台北，站牌上的班次告示牌上写着每20分钟就会有一班车，但是我等了半小时，预定的机场巴士还没有到达站牌，当时我在想，再等20分钟机场巴士总该来了吧？

结果半小时之后，巴士还是没有来，但是当时我已经等了近一个小时，如果当下选择离开站牌去搭计程车直奔机场的话，那我前面那一个小时不就白白浪费了？因此我做出了不理性的决策——继续等，最后又苦等了半个小时，机场巴士才姗姗来迟。虽然我仍然能够及时到达机场，但是在这长达一个半小时的时间当中，内心焦急的心情却是笔墨难以形容的。

事后回想起来，如果我在第一个半小时的等待之后就当机立断离开公交车站，放弃等待机场巴士的话，也许就不会这么匆忙了。

不知道女性读者有没有类似的生活经验：你买了一条裙子，回家试穿后发现不如预期好看，为了不想白白浪费掉购买这条裙子的钱，于是你决定再去买一件衬衫与之搭配，而买完衬衫之后又发觉似乎还是美中不足，结果又再去买了一件外套，然后发现还是未达自己的审美标准，最后又跑去买了一双鞋子试图力挽狂澜；当鞋子也买回来之后，最终才发现徒劳无功！如果在买裙子发觉不合适的时候就当机立断决定放弃此一沉没成本的话，也许后面的钱就不会白花了。

由于工作之故，我不时会接触到一些有关男女感情的个案，最常见的例子便是：我和他（她）交往了这么久，他（她）却突然要和我分手，过去那么长的一段美好时光转眼间都成为泡影，想起来真的是不甘心啊！这个时候，我通常会问他（她）一句话：不甘心难道会让你变得比较快乐吗？还是单纯就只是不甘心这段时间的投入而已？

许久以前，有一位已认识多年的友人打电话给我，在电话中他表示："在离开这个世界前的最后一刻，我希望有个人能和我聊一聊，陪我走完人生最后一段路……"

我大吃一惊，因为这位朋友生性较为拘谨，所以我判断他应该不是开玩笑，我当下立刻告诉他："你现在人在哪里？我现在马上过去找你。电话不要挂哦！"

到达现场之后他告诉我，相恋五年的女朋友和他提分手。

"我不知道自己做错了什么？她也没有告诉我原因，只是很坚决地要分手。现在，回想起来过去所有甜蜜都已成为往事，过去五年的时光都已成为梦幻泡影……"他抱着头一脸痛苦的表情。

这个场景是不是很多人都很熟悉？每个人都有自己的故事，而且所有的故事看起来都似曾相识，但是结局可能会大相径庭！有人选择沉溺于过去而痛苦得无法自拔，另外有些人则选择勇于面对现实并迎接未来。我当下的理智告诉我，如果无法找出关键原因的话，也只能选择让时间冲淡一切！

在感情的世界中，无论是男方还是女方，对于已经投入的感情与时间，就理性的角度而言，都应该视为一种沉没成本，且抱持着乐观的"得之我幸，失之我命"之心态。当然，此举有人可能会觉得知易行难。就统计学上来看，在这世界上与你年龄、性格、三观相仿的异性多如繁星，你何以这么自信能够在有生之年遇见与你最适配的对象？

我们应该学习了解一件事：这世界上永远没有最佳、最适配的对象！你要寻找的是在某个时间点下，能与你遇见且相对于其他人较为适配的伴侣。从逻辑学的观点来看，百分之百与你完美契合的人恐怕并不存在！

因此，以前述的例子来看，分手是既定的事实，和对方相处的时间也只不过是一种经济学上的沉没成本，一味地缅怀过去的时光于事无补，不如放下过去，重新迎接未来。未来虽然未必更美好，但总是充满新契机吧！

除了感情的议题之外，在我们的日常生活当中，沉没成本的现象也几乎无所不在，太多人往往执着于不愿意放下沉没成本，而导致生活的不快乐或决策品质的降低。佛家说的"三毒"：贪、嗔、痴，又何尝不是形容人们无法放下的沉没成本而导致的生活不快乐？

其实从另外一个角度来看，放下沉没成本的"知觉损失"（perceived loss）去换取生活品质的"实质利益"（actual gain），又何乐不为呢？"塞翁失马，焉知非福"！我一直深信，当世界为你关闭了一扇窗，必定会另外为你打开一扇门！

Chapter
05

"截止期限"效应
(The Deadline Effect)

"截止期限"效应(Deadline Effect)：美国GQ杂志的前执行主编克里斯多夫·考克斯(Christopher Cox)，在2021年曾出版一本关于截止期限效应(*The Deadline Effect: How to Work Like It's the Last Minute — Before the Last Minute*)的书，书中提到"截止期限"是一种极具效益的诱发人们产生行为动机之工具，此一结论乃是根据他本身对九家组织之观察所得。他进一步指出，"截止期限"效应会让人在工作上更聚焦(focused)，更具生产力(productive)，更加具有创意(creative)。

牛津大学出版社所出版的《消费者研究杂志》（*Journal of Consumer Research*），在 2019 年发表了一篇文章，名为《单纯截止期限效应：为何较多的时间反而会戕害目标追求》("The Mere Deadline Effect: Why More Time Might Sabotage Goal Pursuit")在这篇文章中作者指出，传统上大家都认为较多的时间有助于目标的追求，因为较具有弹性以及较少的限制，但是过长的截止期限，可能会对目标追求行为产生不可预期之负面结果。

从心理学的观点来看，每个人似乎天生都有不同程度的惰性，也就是"先乐后苦"的想法，例如绝大多数小朋友的寒暑假作业都是在假期结束前一星期才"埋头苦干"。

即使是成人也很难避免"先乐后苦"的诱惑，在非紧急必要处理的情况之下，人们很容易产生松懈的情绪，总是想着反正时间还早。但是如果面临即将到来的截止期限，人类处理事情的动机就会快速提高，以便能够在有限的时间内完成任务，这便是"截止期限效应"的常见现象。但是，如果截止期限极为短暂，恐怕处理事务的动机未必会上升，反而易产生放弃的心态。

事实上，所谓的截止期限通常会和时间框架（time frame）有所关联。心理学上有个名词叫做"时间压力"（time pressure），它与"截止期限"效应具有密不可分的关系。我在过去的研究中发现一个现象：通常时间压力太大或是时间压力太小，都无法让人产生采取行动的动机，唯有中等时间压力才能促使人们采取行动。

　　大家可以想象一个例子：大家在过马路的时候，通常会看马路对面的小绿人标示，上面有绿色数字显示还剩多少时间会变成红灯。当所剩的时间极为充裕，或足以让你慢步穿过的时候，你可能会很悠闲地穿过马路；但是如果时间极度不足，不能让你穿越马路的时候，你可能会选择停下脚步，慢慢地等待下一个绿灯。然而，如果剩下的秒数刚刚好足以让你以小跑步的速度穿越马路的话，此时不论你赶不赶时间，一般人也都会以比平常快速的步伐穿越马路。这就是时间压力激发人类产生动机的一个例子。

　　现代人的工作繁忙，时间管理（time management）俨然已成为一个新兴的显学名词，似乎谁能掌握时间管理，谁就能在人生或事业上交出一张漂亮的成绩单。事实上，时间管理不过就是善加运用技巧、技术，甚至于工具来帮助人们完成既定的工作，以及实现预期的目标。但大家往往忽略了一点：时间管理并不是要求一定把所有待办的事情都处理完毕，而是要把时间花在更值得投入的事项之上。也就是说，除了决定待办事项（to-do list）的优先顺序之外，也要决定哪些事情应该摒除在待办事项之外，以求经济学上所谓的效益最大化。以下便是一个例子：

　　我记得当年出国念书前去台北市南阳街某补习班补习GMAT（Graduate Management Admission Test，简称GMAT），当时的英语老师告诉大家一句话，我至今仍印象深刻：

"除非母语便是英语的考生，否则不太可能做完所有的阅读测验题目。因此，在阅读测验的部分不要试图依序阅读完所有的文章再作答，应该先选择你对内容、主题比较有把握的文章，然后再好好地作答。如果试图把所有的文章看完且全部作答，很有可能会因为时间限制而让你无法静下心来仔细思考问题的答案，忙中有错反而会因为答错倒扣分数而降低你的成绩。"

我们常常看到有许多人从早忙到晚，似乎永远有做不完的事情，那很有可能就是"截止期限"效应在作祟。从心理学的观点来看，时间是属于认知资源（cognitive resource）的一种，每个人的认知资源都有限，包括时间、知识、能力、经验，以及抗压性，等等。迫在眉睫的截止期限通常也意味着高度的时间压力，那为何许多人在工作上往往都是在赶截止期限呢？

除了本文一开始所提到的惰性之外，基本上不外乎两个原因：工作负荷量超过本身的认知资源，以及时间管理技巧不足。

我常常听到有人说，反正截止期限还早，这么早就开始做，要干吗？这些人恐怕没有想过，虽然目前截止期限还早，但你如何得知在这一期间不会有需要花费大量时间精力处理的紧急事情发生？请记得：未雨绸缪不会带来损失，唯有在最后倒数计时的紧要关头，才可能因为高度时间压力而让你出错，甚至做出较为非理性的判断。

常常有人问我：为何你做许多事情看起来都很从容不迫、很有效率？是否你处理事情的能力高人一等？甚至觉得我智商出类拔萃。我的回答永远只有一个：我并不比别人聪明，我要处理的事情也不比别人少，他人之所以感觉我做事很有效率，只因为我的字典中没有 deadline 的存在！

我永远都是把预期知道何时要完成的事情提前处理，等待 deadline 的时间到来。让我记忆犹新的事情是，当年在美国念书的时候，我在预计毕业的那个学期的开学第一周，便完成了学位论文口试。之后剩下的学期时间，只有某些课程需要学习，日子过得十分惬意而自在。这段经历也培养出我日后永远在截止期限到来之前便处理完事情的习惯，影响不可谓不深远。

在进入学术圈后，对于每年年底截止申请的专题计划研究案，我也大多均在暑假时间便开始着手进行，而非像其他绝大多数老师在快要火烧眉毛时才拼命赶工。也许是个性之故，我个人不太喜欢把所有事情都聚在一起再一鼓作气完成，而是希望能从容不迫地将事情予以分散到各个时间段中，以便能逐一加以解决。在我的印象当中，我所采取的方式比起其他人采取急就章的方式，似乎有更高的成功机会。

我一直深信，在时间充裕的时候提前未雨绸缪，永远胜于临时抱佛脚。虽然"截止期限"效应有助于提升人们处理事物的动机，但套句近来很流行的词汇，"超前部署"应该才是更好的选择吧！

Chapter 06

心理距离

(Psychological Distance)

心理距离(Psychological Distance)：英国剑桥大学的心理学家爱德华·布洛（Edward Bullough）在《英国心理学杂志》(*British Journal of Psychology*)发表了一篇名为《作为一种艺术要素与一项美学原理的"心理距离"》("'Psychical Distance' as a Factor in Art and an Aesthetic Principle")的文章，正式开启了研究心理距离的序幕。布洛主张，纯粹客观的美学并不存在，若一味地使用超然的客观标准来定义美学，将会扼杀许多不符合传统美学标准的美感事实。因此，布洛主张以心理学的角度观之，人们对美学作品是否产生共鸣，取决于观赏时内心是否产生化学变化，而影响此种共鸣的关键要素便是观赏者与该作品之间的心理距离，也就是观赏者对于美学与艺术作品之间在心理上的亲近性（psychological closeness），而非空间或时间上的距离。

有一句电影圈与文学作品界广为流传的金句:"世界上最遥远的距离不是生与死,而是我站在你面前,你却不知道我爱你。"文学、艺术之所以能够让人产生共鸣,不外乎能够拨动读者的心弦,也就是让读者能够对于书中的内容产生化学反应(chemistry response)。然而,要让读者产生共鸣的先决条件,就是不能让读者产生过于遥远的心理距离。

由以色列社会心理学家尼拉·李柏曼(Nira Liberman)和美国心理学家雅克弗·特洛普(Yaacov Trope)所提出的"建构水准理论"(construal level theory)对心理距离做了另一种生活化的诠释。"建构水准理论"的核心主张是:

某一人事物或事件距离你愈远,你愈会以更加"抽象"的方式赋予它想象的空间;相反地,此一人事物或事件距离你愈近,你会以较为"具体"的方式加以想象。"建构水准理论"主张,人们对于情境建构的方式可以分为两种层次——低建构水准与高建构水准。

具体而言,高建构水准易导致心理距离遥远之联想,而当心理距离遥远时,容易让人产生对于事物抽象的观点;但低建构水准易导致心理距离近之联想,而当心理距离近时,较容易让人对于事物产生具体的思维。一般而言,心理距离近的人、事、物对于一般人的冲击较显著,心理距离远的人、事、物则对于一般人的冲击较不明显。

让我们来看一个例子：台湾的电视新闻播报经常24小时不断地循环，然而，这些新闻经常充斥着一些并非国家大事或每个人都会遇到的经济民生议题。因此，台湾的新闻媒体经常为人所诟病。大家对于此一现象予以挞伐的理由不外乎是：这则新闻跟我有什么相关？

从心理学的角度来看，这就是观众对于该新闻所感受到的心理距离太过遥远，也就是"个人相关度"（personal relevance）偏低，因此无法对于新闻所报道的事件或是人物所发生的情境产生共鸣。

除了新闻媒体的乱象之外，现今台湾的离婚率也偏高。根据公安机关户籍行政管理部门的统计数据，台湾2021年的离婚对数高达47 887对，换算成比例大约为千分之二，其中以30到39岁之间的离婚率最高。除了外遇和家暴之外，另外有一个很常见的原因就是，夫妻结婚久了常常因为工作问题而与另一半的关系逐渐变淡，彼此没有共同的兴趣、话题与生活圈，因而造成的心理距离过于遥远，最终导致和平分手。

相信每个人都不希望自己的婚姻最终以悲剧收场，然而在现今工商业发达的社会中，许多人的工作时间都相当长，夫妻双方的加班超时工作已经成为常态。因此各人回到家中都已经是处于身心俱疲的状态，当然没有心力与另一半多加沟通。根据我周围已婚的朋友告知，他们每周与另一半讲话的时间合计不超过一个小时，也就是平均每天讲话不到十分钟，其中还包括了生活上必须的沟通（例如生活开支、小孩的教育问题等等）。

换句话说，夫妻双方纯粹心灵的沟通几乎不存在，也就是许多夫妻之间的心理距离几乎是处于天平的两端。如果这是一个普遍现象的话，对于台湾高得令人咋舌的离婚率数字，应该就不会大吃一惊了。

然而，应该要如何缩短夫妻之间的心理距离呢？也许你看过电视上报道结婚数十年来从不吵架的模范夫妻，看来着实令人非常羡慕，"只羡鸳鸯不羡仙"。但是，我勉强相信这世界上确实存在永无意见不合的模范夫妻，但我比较好奇的是，若一对夫妻终其一生从来不吵架的话，我大胆猜测这对夫妻恐怕缺乏夫妻相处之道的温度，也就是感情是否真的存在？

夫妻之间相敬如宾真的是件好事吗？"宾"者，客人也。夫妻彼此把对方当成客人，以我个人的标准而言，此种关系缺少了酸甜苦辣等人生调味，应该不能算是真正的模范夫妻。

常常有人问我，除了对方的家世、个人工作之外，择偶的标准为何？其实，每个人都有与生俱来的脾气与性格，在婚前可能有一方会采取较为宽容的态度。然而，时间一久每个人的本性便会逐渐显露，这也就是我们常常听到"他（她）婚前都对我百依百顺，可是现在都……"的说法。请千万记住一句话——"永远不要相信自己能够改变对方的性格"！

从发展心理学的观点来看,成人的性格是长期养成的且具有相当的稳定性,除非受到外界极为强大的冲击,否则不太容易产生明显的变化。因此,婚前多观察对方的个性是衡量未来婚姻契合度的一个极为重要的指标,它有助于缩短日后夫妻之间的心理距离。

至于婚后要如何缩短夫妻之间的心理距离呢?我的建议是,无论工作再忙,每周一定要抽出"家庭时间"(family time),即使只有短短的两个小时也好。在这短短的家庭时间中,可以安排家庭出游、看电影、郊游,哪怕是没有意义的闲聊八卦也好,这些做法都有助于增加彼此的亲密度。

我有一位在西安从事基金投资业务且事业有成的朋友李董告诉我,他无论工作多忙,每个周日绝对不安排工作或应酬,在家亲自下厨服务于全家人,或是全家出游,即使因为陪伴家人而失去大订单也在所不惜。对于他而言,亲情是无价的,唯有美满的家庭生活,才能让他在事业上无后顾之忧。

"维系亲密度"是一项常常被忽略但是能维系幸福婚姻的关键要素。人生有舍才有得,只要你愿意抽出时间来维系夫妻之间的亲密度,再遥远的心理距离也能消弭于无形!我一直深信,"刹那的幸福即是永恒"!

Chapter 07

自我实现预言

(The Self-Fulfilling Prophecy)

自我实现预言(Self-Fulfilling Prophecy)：自我实现预言是由美国社会学家罗伯特·莫顿(Robert K. Merton)提出的一种社会心理学观察，它主要是描绘一种社会现象——人们一开始对某人或某群体之主观判断，无论是否正确，都将在某种程度上影响到这些受评价者之行为，以至于此种原本未必正确的判断(或预言)最后果然成真。此一理论滥觞于1968年罗伯特·罗森塔尔(Robert Rosenthal)博士所进行的一项著名实验。首先，他们对某一所高中的学生进行智商测试，然后告诉该班老师其中有许多学生的智商十分高，让该位老师相信这些学生在未来的课业成绩会突飞猛进。但事实上这些所谓的"高智商"的学生并非真的具有高智商，只不过是句话术而已。随后的实验结果却极为出乎意料：那些被老师认为"高智商"的学生(事实上与其余学生的智商相比并不突出)在未来的课业成绩果然令人刮目相看。用最浅显的说法，自我实现预言就是指我们总会在不经意间使我们自己的预言成为真实。自我认知可以达成某一目标，此种心理暗示有助于最后真的完成目标。

用口语化的方式来说，自我实现预言指的就是每个人对于自己内心的期许，可能会决定了我们对外在事物的看法，而此种态度进一步会影响到行为，使得外部的行为与内在的心智态度趋于一致。

在日常生活中我们常常会受到外界各种讯息刺激的影响，而形成或改变对人事物（包括自己）的认知与态度。换句话说，人们常常可以通过口号或是其他方式的刺激来催眠自己朝向某一种自己渴望达到的境界。

虽然此种催眠未必一定会成功，但是往往能向心中的理想目标迈进一步。早期有不少日本企业会在每天早上正式上班前举行员工晨会，除了宣布重要事项之外，有一个很重要的仪式，便是要求所有员工大喊口号："我是最棒的！我一定能够完成目标。"此种自我催眠便是"自我实现预言"的一种生活应用。

也许你曾经在八点档连续剧的剧情里面看过类似的对白："我家那个死鬼成天不务正业，看他每天忙东忙西的，也没搞出个名堂出来，真是没用！不像别人家的先生事业有成又顾家，简直是模范先生！我为什么这么苦命？嫁给这个不成材的老公……"

以上的对白是否有似曾相识的感觉？在上述的情境中被瞧不起的老公往往真的就此一蹶不振、一事无成，真的应验了所谓的"自我实现预言"。事实上自我实现预言可分为两种：正面的自我实现预言与负面的自我实现预言。上述的情境便是典型的负面"自我实现预言"。

在职场中往往也可以发现许多负面自我实现预言的例子。如果你是公司的主管,当部属犯错的时候,你应该采取什么方式来面对呢?臭骂一顿?还是考绩丙等?扣薪?其实许多人都知道,一味地以负面的惩罚方式加诸犯错的部属身上,未必能使他下次避免犯同样的错误。最重要的关键点应该是找出犯错的原因,犯错并不可怕也不可耻,最可怕的是一再地犯同样的错误!

英文中有句谚语:"To err is human, to forgive divine!"翻译成中文便是:"人非圣贤,孰能无过?"我们都不是圣人,也都有可能在各种不同的场合或情境中犯错。所以当你的部属犯错的时候,应该找出对方犯错的原因,以及解决的方式,来避免未来可能发生同样的问题。

美国心理学家道格拉斯·麦可葛雷格(Douglas McGregor)所提出的X理论和Y理论,向来都是管理学界争议不休的议题。X理论主张人性本恶,员工都是偷懒的、喜欢浑水摸鱼,抱着得过且过的心态;而Y理论则主张人性本善,员工不必给予过多的压力,他们就会自动地为自己的工作负责。

以自我实现预言的观点来看,在职场中如果对于犯错的员工采取正面自我实现预言的鼓励方式,往往会让他们在日后的工作中表现得更加杰出。相反地,如果在员工犯错后一味地予以情绪性字眼的辱骂，极有可能会导致日后负面自我实现预言成真，也就是增加日后犯错的概率！其背后可能的心理机制就是因为部属已经对自己失去自信！

在我来新竹清华大学担任教职工作之后的某一天，有一位公认属于比较"混"的学生来找我，并问道："高老师，我可不可以请您担任我硕士论文的指导教授？"

"怎么想到要来找我？我目前手边的学生已经有点让我忙不过来了，你要不要先找别的老师试试看？"我据实以告。

"不瞒您说，我找过其他几位老师，但是他们都不肯收留我。"他愁眉苦脸地说。

"哈哈！你是不是平时上课不够认真，所以他们觉得你很"混"？因此不想当你的指导教授？"我半开玩笑地说。

"其实我也不是很'混'啦！只是有那么一点点而已……"他有点腼腆。

"要我当你的指导教授也不是不行呀！但是我们必须先约法三章，你必须按照我规定的进度完成你的论文。"我这个人向来心软。

"一定！一定！我保证会按照老师的进度。"他喜出望外地回答。

"其实以我对你的了解，你的资质比许多人都好，只是缺乏全力冲刺写论文的动机而已。如果我没看走眼的话，你未来的成就一定比其他同学们高!"我带着鼓励的口气,但其实内心忐忑不安地这么说。

"真的吗?老师你真的觉得我的资质比很多同学都好吗?"他似乎对自己不太有信心地这么说。

"那是当然的!我教书这么多年了,从来没看走眼过。"我看起来充满信心地回答他。

在这位学生离开之后,其实我深觉我对自己刚才的那些话,并没有十分的把握。但随着时间的推移,他果然按照我的进度努力用功,最终顺利地完成了硕士论文。在服完四个月的兵役之后,他顺利地进入了一家股票上市公司,工作过了一年多之后,又跳槽至某集团的某一关系企业工作。如果是以公司规模和薪水等世俗的标准来看,这位学生果然表现得比其他同学好上不少。

前些日子他来找我,非常感谢我当年的"拔刀相助"。特别是在所有老师都放弃他的时候,只有我肯伸出援手。平心而论,当年对他是否能够按照我的要求去完成他的论文,其实我一点把握也没有。我只是运用了"自我实现预言"的心理战术而已。

从上述的例子当中,我们可以见证到正面自我实现预言的力量!在人生的道路当中,我们应该学着不受他人的负面评论所引导。有句话说得非常好:"生命中最重要的课题,就是试着让自己成为思想的主人!"与其对别人的成功投以羡慕的眼光,不如试着成为自己的救赎！相信自己才能成就更完美的自己！让我们抛开负面自我实现预言的枷锁,做自己真正的主人！

Chapter
08

现状偏误

(Status Quo Bias)

现状偏误（Status Quo Bias）：威廉·萨缪尔森（William Samuelson）与理查德·扎克豪瑟（Richard Zeckhauser）两位美国学者于1988年发表的《决策制定中的现状偏误》（"Status Quo Bias in Decision Making"）文章中指出，现状偏误指的是人类倾向于维持现状，即使现状在客观上不如其他选项，人们还是比较会做出维持现状的决定，因为人们潜意识中可能会倾向于把任何改变都视为是一种潜在的风险。简单来说，就是选择维持现状而不去改变，以避免万一潜在风险发生会招致损失，此种现象在日常生活决策中十分常见。

Chapter 08 现状偏误

现状偏误的心理机制最主要的是损失趋避,人们在面临现状选项与其他选项的抉择时刻,维持现状往往被当作是一个参考点,相对于改变现状所获得的可能收益,人们对改变现状所产生的可能损失,通常会赋予更大的权重,即使此种收益/损失在规模上不分轩轾(请参阅"负面偏误"一章)。因此,更倾向于选择不采取任何行动或者是维持目前的状态,似乎是一般人更愿意采取的作为。

当人们更偏爱采取不作为(维持现状)或维持先前做出的决定时,现状偏误的现象就发生了。即使选择改变只需付出极小的转换成本,而且决策本身十分重要,人们仍极有可能非理性地选择维持现状。威廉·萨缪尔森(William Samuelson)与理查德·扎克豪瑟(Richard Zeckhauser)两位美国学者指出,现状偏误可归因于人们通常具有损失厌恶(loss aversion)的倾向。

从心理学上的观点来看,人们通常会对从前所选择的行为产生心理承诺(psychological commitment),选择维持现状可以确保他们对该人、事、物具有承诺感;但若选择改变,从前所投注的心力可能化为泡影(也就是"沉没成本"思维),最糟糕的情况是如果因为选择改变但最后事实证明为误判,人们极易产生认知失调和后悔感。

根据2002年诺贝尔经济学奖得主、美国普林斯顿大学心理学家丹尼尔·卡尼曼(Daniel Kahneman),以及斯坦福大学心理学家艾默士·特弗斯基(Amos Tversky)的研究指出，人们对采取新行动所导致的不良后果，通常会比人们采取不作为而导致的不良后果感到更大的遗憾。

虽然维持现状偏误经常被认为是非理性的，但其实也不难明了为何它还是普遍存在于日常生活决策之中。由于资讯不对称和每个人的认知资源有限，坚持过去乍看之下无碍的选择，通常会是一个较不困难的安全选项。

你也许听过一句话：人生就是不断地往前迈进。但如果你抱持维持现状心态的时候，就会阻碍前进的脚步，不论是在组织还是生涯规划当中。

组织变革是企业管理领域当中一个常见的议题，当组织进行改革的时候，通常会遇到相当大的阻力，其中最重要的原因就是现有组织成员害怕改变的心态。他们会担心一旦进行组织改革之后，目前所习惯的工作方式与形态都可能会改变，而他们对于这种改变缺乏自信，会担心现有的工作保障与福利受到损失或侵害，因此对于组织变革采取抗拒的态度。

也就是说，维持现状对于他们而言，可能是一项风险较小的选择，即使组织变革之后所带来的正面利益似乎显著优于维持现状。

最近很流行一个名词叫做"舒适圈"(comfort zone)。所谓的"舒适圈"指的是一个人长期所处的环境，以及在此环境中逐步培养出习以为常的行为模式。通常人们会在此种已习惯的环境或生活模式下感到舒适。许多励志书籍都告诉大家要跳出自己的舒适圈,勇敢地继续追求梦想,如果持续地待在舒适圈的话,只会让自己产生一种非理性的安全感,甚至怠惰感,对于自我成长完全没有正面的助益。

然而,跳脱舒适圈真的可以帮助人们超脱现有的人生框架,为自己创造出更美好的未来吗?事实上恐怕未必尽然!首先我们必须了解舒适圈的形成过程。就字面上来看,舒适圈指的是人们处于目前他自己感到最舒适、最自在的生存环境。但是,舒适圈并非人为刻意创造出来的,它也是从一开始的全然陌生,通过一段时间的累积以及对该环境探索的过程,逐渐达到适应,最后达到身心俱感舒适的层次。

其实我个人对于跳脱舒适圈的做法并不是完全赞成。主张跳脱舒适圈的人主要是认为,待在舒适圈会让一个人缺乏斗志以至消磨追求向上的决心,唯有脱离舒适圈才能激发人生的斗志与潜能。然而不可否认的是,人们待在舒适圈中对环境比较熟悉,比较懂得风险规避;一旦脱离舒适圈进入一个全然陌生的环境之后,由于对环境的不熟悉,可能会遭遇原本可以避免的风险,甚至增加行为失败的概率。再者,从逻辑上来看,即使人们勇于选择脱离舒适圈进入一个全新的环境之中,但随着时光流逝,这个新环境也会成为下一个舒适圈。难道人生就是不断地在"跳脱舒适圈"的思维中不断地循环吗？

我曾经看过一篇关于舒适圈的文章，这篇文章主张，其实人们应该要做的不是跳脱舒适圈，而是扩大舒适圈。也就是以现有舒适圈为基础，在现有熟悉的环境中追寻可能成长的空间。此种说法背后的逻辑其实很简单，也就是：如果人生以追求成长与进步为前提的话，唯有在自己熟悉的环境当中，才能够降低试误（try error）的风险。

其实人生是否能够成长与进步，完全取决于动机，而非是否待在舒适圈当中。如果本身具有追求成长的动机，即使待在舒适圈之中仍然会有成功的机会；但如果本身缺乏追求进步的动机，一旦跳脱舒适圈之后恐怕会因适应不良而产生更多的失误。

也就是说不论从工作还是人生规划上来看，虽然维持现状可能是一种认知偏误，但是只要能够抛开成见，理性地评估改变或维持现状的方案，便能够做出相对理性的决定。人生就是一连串选择的过程，也没有绝对的对错。忠于自我便是对人生最好的决定！

Chapter 09

IKEA 效应

(The IKEA Effect)

IKEA 效应(IKEA Effect)：IKEA 效应是一种典型的认知偏误(cognitive bias)，它是 2011 年由美国哈佛大学商学院的麦克·诺顿(Michael I. Norton)教授、耶鲁大学的丹尼尔·莫琼(Daniel Mochon)教授与现任职于美国杜克大学高等后见之明中心的丹·艾瑞里(Dan Ariely)教授发现的。IKEA 是一家来自瑞典的家具制造厂商与跨国零售业者，所生产的家具大多需要顾客买回家后自行组装完成，以节省大型家具的包装与运输成本。IKEA 效应主张，人们投入的心力和时间会影响任务产出的绩效，并进一步地左右人们对自己任务产出的评价。简单地说，在任务中投入大量的心力和时间，容易让自己对任务的成果产出形成较多不切实际的盲目推崇。也就是说，由于我们通常对自己花费的心血会赋予过高的评价，因此我们倾向于误认为或幻想他人也必定会对我们的心血结晶予以高度肯定与赞赏。

有一位出版社编辑极力向出版社社长和主编推荐自己所精心挑选与编辑的书《植物的内心》，为了能够早日出版，并争取较多的行销预算，她投注了很多心力在编辑这本书上，而且觉得这本书的内容很棒，很值得尽快出版发行，但并没有得到众多主管的认可，因此觉得有点愤愤不平，为什么这些高层主管们不懂得欣赏这本好书？

这就是典型的"IKEA效应"。"IKEA效应"主要谈的是一种人类的主观认知偏误，对于那些自身投入许多心力的标的物都会投入过多的情感，而不论标的物的本质是否真的出类拔萃。

目前的社会单身贵族愈来愈多，许多保持不婚主义者常常饲养宠物来陪伴自己度过孤单的生活。我常常看到有些人在前往商店购物的时候，往往一手将宠物抱在手上，完全无视商店的玻璃门上有"禁止携带宠物入内"的标示。有一次我前往住家附近的自助餐店用餐，看到前方的客人左手抱着蠢蠢欲动的宠物，右手在众多琳琅满目的菜肴前选择菜色。其实此时我就很担心是否会影响到菜色的卫生？结账完毕之后我向老板反映这种状况，但是老板也只是两手一摊说："客人就硬要带宠物进来，我也没办法呀！"我只笑了一下，从此这家自助餐店被我列入黑名单，再也不曾上门消费。

我完全能明了，饲主对于自己饲养的宠物，想必在它身上花了很多心血，例如送到宠物店去梳洗打扮、定期送往兽医诊所做定期健康检查,等等,这原本是人之常情且无可厚非之事。但是若要求不认识的陌生人也对你的宠物抱持同样的情感与容忍度,此种心态似乎已经向自私跨进了一大步!

"IKEA效应"与我们另外一篇谈论到的"禀赋效应"(endowment effect)有所不同,但是基本的核心思想都与"敝帚自珍"的思维有关。"IKEA效应"指的是对自己投入许多心血的标的物产生过多非理性的正面主观态度,而无视于客观的评价,并因此期待他人也产生同样的偏爱;"禀赋效应"谈的是对于本身倾向于对目前拥有的事物产生情感而比较不愿意割舍。这两种效应在对目前拥有事物上给予高度肯定的观念非常类似,但是"IKEA效应"要求他人也给予相同肯定,此点"禀赋效应"并未提及。

有一次我应邀担任某场设计作品行销大赛的评审(我的另一项研究领域是消费心理学),印象中有一件看似木质幼儿椅的商品颇吸引我的注意。然而,吸引我的地方并非该件商品的外形设计得多有创意,或是材质多么特殊,而是定价高昂得令我大吃一惊,远超过我对该类产品的价格认知范围。由于比赛的方式是由参赛者逐一做简报,并对所设计的商品加以说明设计理念与行销策略。当这件幼儿椅的设计者出场作简报介绍之后,在评审发问的答疑互动时间,我便提出这样的问题:"可否麻烦您谈一下对这件商品的市场性看法如何?特别是以您所订的如此高价位在婴幼儿用品市场上是否具有竞争力？您打算如何说服消费者掏钱购买这件比同类型商品定价高出许多的幼儿椅？请问这件商品的材质是桧木或其他高单价的材料吗？"

该名设计师充满自信地回答我说："虽然我这件作品的材质与一般同类型商品没有太大区别，但是由于在这件商品上我投注了很多心力，设计本身是无价的，不能单纯以金钱加以衡量。我相信消费者一定能够看得到我的努力，一定会喜欢我这件设计作品并愿意付出高价购买。"

当下我只笑了笑，就没有再继续发问。因为这个就是典型的"IKEA效应"思维——因为我投入很多心力，所以别人应该会喜欢。在现实社会中，如果抱持这种想法的话，往往会事与愿违。从消费心理学观点来看，消费者考虑的是他喜不喜欢这件商品以及购买这件商品能否带来心理或物质上的产品利益。

如果认知到的产品利益高于所愿意付出的价格，那么再高单价也会愿意掏钱购买，也就是经济学上所称的"成本效益"法则。至于设计者花了多少心血，恐怕并非大多数消费者能够体会到，也非他们的主要考量。也就是说，消费者并没有义务为你的心力买单！

在我们的日常生活当中，对于自己所喜欢的东西，或是已经投注很多心力与时间的工作，往往会产生情感依附（emotional attachment），并因此衍生出超乎寻常的偏爱，而且会误以为别人应该也会和自己一样对其产生高度好感；如果对方并未做出符合预期的回应，便会产生"为何我只能孤芳自赏"的感叹。

平心而论，其实在人生的道路上，"IKEA效应"并非完全需要加以避免，例如在休闲的生活领域当中，投入在自己有兴趣的事物能够让自己的心灵有所寄托，在力所能及的情况下不必考虑他人的观点；但是在工作或重要的人生决策当中，多参考别人的客观意见，不要自己一头热地栽入自以为是正确方向的领域，方能避免"IKEA效应"所带来的迷思。"自我感觉良好"恐怕是一个你我都不欢迎的人生标签吧！

Chapter 10

推敲可能性模式
(The Elaboration Likelihood Model, ELM)

推敲可能性模式（Elaboration Likelihood Model，ELM）：此模式是由美国俄亥俄州立大学（Ohio State University）心理系的里查德·佩帝（Richard E. Petty）教授与美国芝加哥大学（University of Chicago）心理系的约翰·卡奇欧珀（John Cacioppo）教授于1980年所提出，主要探讨人类的大脑如何处理外来的讯息刺激，以及如何影响后续的态度形成。"推敲可能性模式"主张，讯息是否能成功地说服对方或至少引起对方的态度改变，主要取决于讯息接收者是采取"中央路径"（central route）还是"边陲路径"（peripheral route）来处理这些外界的讯息刺激。"中央路径"与"边陲路径"并不是一种生理上的有机体，而只是一种思路的处理方式而已。基本上，人们通常会不经意地以下意识的方式对外界的讯息刺激予以初步筛选，以决定后续的处理要采取"中央路径"或是"边陲路径"。

Chapter 10　推敲可能性模式

其实简单来说,推敲可能性模式是指,在理性的前提下,由于每个人对处理事物的"动机"以及解决问题的"能力"具有先天的差异,人们在接收到讯息刺激的时候,如果本身感觉到这些讯息对他而言具有重要性,值得多花费认知资源去仔细地分析过滤,此时便会选择"中央路径";然而,如果人们觉得这些讯息对他而言并不重要,不值得花费太多的心力与时间去处理,此时便会选择"边陲路径"。

不知道各位有没有注意到一点,推敲可能性模式发生的前提,便是在探讨人们处于"理性"的状态之下会如何作出思考路径的选择。为什么要强调是在理性的条件之下呢?因为世界上绝大多数只有两种人:不理性与非常不理性。完全理性的人并非不存在,但恐怕只是稀有动物而已。

我常常在电视上看到一些类似的新闻。许多热恋中的情侣,特别是男方,常常会以出其不意的方式进行求婚。印象中有一次新闻报道有位空姐从高雄小港机场执行空服任务完毕准备下班回家,结果当她步出海关之后,接机大厅上早已站满室内乐团的团员,当她一现身,便开始演奏浪漫悠扬的古典音乐乐章,此时男方手捧百朵红玫瑰并深情款款地向前下跪求婚,再加上诸多亲友在旁边吆喝助阵:"嫁给他!嫁给他!"深受感动的女方热泪盈眶地猛点头,这场精心策划的求婚活动于是画上完美的句点。

试着想象另一个场景:有一对情侣进入电影院观赏电影,当电影帷幕拉开之际，大银幕上赫然出现下列一句话：

"×××，………（情话），我爱你，请嫁给我吧！"

此时电影院原本昏暗的室内霎时间灯光全亮，并播放一首首浪漫的音乐。而电影院中其他的观众也跟着纷纷起立鼓掌，这些人竟然全部都是男方邀请来助阵的亲友。在大家的起哄之下，深受感动而热泪盈眶的准新娘也只能害羞地说出"我愿意"三个字………

我们就以上面求婚的两个例子来看。婚姻大事对一个人而言，应该是属于极为重要之事，而且需经过审慎思考之后做出决定，也就是应该选择"推敲可能性模式"中的"中央路径"，而非因为受到一时感动所引发未经深思熟虑的"边陲路径"。

如果只是单纯地因为受到感动而未经考虑、轻率答应对方的求婚，恐怕会为日后的婚姻生活埋下个性不合的导火线。台湾目前的离婚率高达千分之二左右，在亚洲地区名列前茅，也许不少人轻率地在婚姻大事上选择不经深思熟虑的"边陲路径"，也是其中一个重要的原因吧！有人开玩笑说，"婚"这个字就是女性在头昏的状况下所做的决定，如果当真如此，所谓的头昏便是指做出决定时是因一时感动或冲动而选择"边陲路径"。你当初在考量终身大事时，是走"中央路径"还是"边陲路径"呢？

其实"推敲可能性模式"比较常用的场合是用于说服他人。所谓的说服即是希望他人做出认知（cognition）、情感（affect）与行为(behavior)的改变，也就是心理学上所谓的三位一元论。通过情感、认知与行为的改变，来达到说服的效果。

在日常生活中，你我都可能面临需要去说服别人或是被别人说服的场合。无论你是希望升职加薪、求婚，还是周年庆时厂商使出浑身解数、各式各样令人眼花缭乱的行销攻势试图打动消费者的心，都是属于说服的一种形式。那么要如何运用"推敲可能性模式"来说服他人呢？如果你打算提出的内容，可能对于对方而言极具重要性，那么讯息内容的走向就必须十分具体可行，以便对方采取中央路径仔细地进行分析，以达到说服效果。但若讯息的内容对于对方并不是那么重要，那么不妨采取一些花哨的手法，来吸引对方采取边陲路径，以成功地说服对方。

欧美许多国家几乎每四年就有一次大型选举，每逢选举之际，各个政党、各个候选人无不使出浑身解数，拜托选民们能够惠赐神圣的一票。但是试问有多少民众在投票之前会详细地把自己选区里的候选人的政见全部消化一遍，然后才决定要投哪一位候选人？

我不敢说没有这种选民，但我猜测此种选民应该不到所有选民人口数的1%吧？也就是说绝大多数的选民在投票之际，几乎都不愿意花太多的时间精力，而是采用"边陲路径"来决定把票投给哪一位候选人。因此，各个候选人均绞尽脑汁地试图想出一句响亮的口号来代表自己的政治理念。以"推敲可能性模式"的观点来看,这些候选人便是运用"边陲路径"中的正面线索来试图说服选民,让选民对他产生正面态度,最终对他投下宝贵的一票。

由于人们的认知资源有限,不可能事事都经过仔细推敲之后才决定该如何做。因此学会判断哪些事情重要,哪些事情相对不重要,便变成了许多人必须面对的课题。

也许你会有些疑问:某件事情对我很重要,但是未必对别人也很重要,那这个时候该如何选择呢?我的建议是:如果你的选择不会影响到别人的话,那就 follow your mind(遵循你的内心)吧!但请记得要为自己的选择负责。唯有勇于对自己的人生负责,才能成就更加成熟的灵魂!

Chapter 11

适应性效应
(The Adaptation Effect)

适应性效应(Adaptation Effect)：适应性指的是人们对外界环境的刺激反应逐渐减弱(甚至麻痹)的现象,也就是说"适应性效应"主张,人们常常低估了自己的适应能力,因此会高估某些事物在经历一段时间之后对自己的影响。一般人总是会觉得遇到好事情会让自己快乐非常久,但事实上恐怕并非如此。例如人们觉得升官、加薪、住豪宅,都会让人们感到非常兴奋,而且会兴奋非常久。事实上,没过多久人们很快就产生适应性了。这种错觉很容易影响人们做出后续不当的决定。从经济学的观点来看,适应性效应属于一种"边际效应递减"(diminishing marginal utility)的现象。从日常生活层面而言,有人主张外在条件带来的物质效用性愉悦(utilitarian pleasure)容易消退,但是精神层面的满足似乎较能避免"适应性效应",可以持续较为久远。

Chapter 11　适应性效应

每个人都有自己的梦想,一旦梦想成真,当然你一定会十分高兴。古人也说人生有四大乐事:久旱逢甘霖、他乡遇故知、洞房花烛夜、金榜题名时。人生在世若能在有生之年逐一实现这些愿望,夫复何求?

然而事实真的如此吗?犹记得当年刚通过博士学位口试正式取得博士学位之时,曾经连续两天高兴得睡不着觉,就算是做梦也充满着笑容,脑中幻想着不外乎是未来的人生想必可以一帆风顺。然而随着时间的推移,日子在周而复始的教学、研究、行政中度过,当年的愉悦早已消失于无形。随之而来的是无穷无尽的学术研究工作,以及与每位新进教师一样都必须面临的职称压力……

难道是教学研究工作并非我内心向往的职业吗?答案显然是否定的。之所以会产生这种内心愉悦感逐渐流失,除了上述的各种压力之外,主要就是因为"适应性效应"从中发挥了作用。请各位回顾一下,自己当年初入职场之时,是否对工作都怀抱着雄心壮志与勇往直前的热情?然而,经过了漫长的岁月洗礼,恐怕只有极少数人能够持续这份热情。"为了工作而工作",应该是当今社会上班族的一个普遍现象。

一位朋友告诉我,他在经过多年的积蓄之后,终于存够了首付的费用,并且如愿以偿地找到他心目中理想的房子。在装潢的阶段,他也花费了许多心力与设计师沟通,脑中充满着美好的憧憬，想象着未来交房之后自己能够住进一间属于自己向往已久的新居。刚搬进去之后的前三个月，他不时地邀请亲朋好友前来参观这个他引以为傲的新家。然而，大约过了半年之后，他告诉我，他对这个新家的兴奋之情似乎已经不若既往。

此外，你是否有如下类似的经历？刚刚买了一辆新车，在交车后的前三个月，你每周都定期地为新车清洗、打蜡，始终让爱车保持着焕然一新的样貌，并且对此感到乐此不疲。但过了一年之后，你也许很久才会为这部车龄仅一岁的新车清洁打蜡一次。

"适应性效应"不只发生在对有形事物的愉悦感递减，也可能发生在无形的情感之上。在本书其他的章节中已经分析过当代婚姻杀手的种种可能成因。许多人当年都是经过爱情长跑或是爱得轰轰烈烈，最后历经千辛万苦、克服重重阻难才终于得以步入结婚礼堂、修成正果，这份情感着实得来不易。

我们暂且抛开外遇、财务、双方原生家庭等外在因素的干扰，许多夫妻相处久了之后感情会逐渐变淡，甚至没有共同的语言，没有共同的话题，没有共同的兴趣，最终的沟通话题仅限于生活琐事与子女教育等。除了夫妻双方因为共同生活久了之后，互相习惯而产生心理学上所谓的"惯性"（inertia）之外，"适应性效应"也扮演了极为关键的角色。

那么我们应该如何避免堕入"适应性效应"的陷阱呢？如果从婚姻家庭的层面来看，无论是爱情还是婚姻都需要双方共同努力付出与经营。请记得:"幸福永远不会凭空而降!"所有不幸的婚姻一定是双方都必须承担责任,差别只在于所负责任的多寡而已。那么要如何在婚姻当中避免"适应性效应"而导致平淡呢?

首先,也许有人认为平淡也没有什么不好,反而憧憬着平淡的婚姻生活。这句话似乎也没有错,每个人当然都有选择自己婚姻生活以及夫妻双方如何相处的权利。此处所谓的平淡是指双方虽然共处一个屋檐之下,然而由于缺乏对彼此的了解与心灵契合,久而久之很有可能会因为外界一个小小的导火线而造成婚姻失和,终致走上劳燕分飞的结局。

然而要如何维系婚姻不至于走上平淡一途呢?心理学家曾提出以下三点建议:

一、适时地称赞:譬如"你今天气色很好""你这件衣服/这个发型让你看起来年轻了 10 岁"……千万不要因为自己个性含蓄内敛而对于这些赞美之辞说不出口。夫妻之间应该把彼此视为一体,不妨把称赞对方当作是称赞自己,应该不会有人对于肯定自己有所吝惜吧?

二、给予正面的回馈:夫妻之间最常发生的问题,便是由于双方相处久了,对于对方为自己所做的一切事情都视为理所当然。诚然,夫妻之间不该斤斤计较谁付出的多,谁付出的少。然而,若把对方的心意视为对方本来就应该尽的义务,而吝于给予正面的回馈,久而久之,单方面维持情分的"义务"恐也会随着时间而逐渐消失殆尽。

三、培养共同的兴趣：即使夫妻双方目前缺乏共同的兴趣，但不妨藉由逐渐参与对方兴趣的方式加以培养。倘若假以时日仍然缺乏兴趣，但也请尽量做到陪伴，也就是陪伴对方从事他/她感兴趣的事物。在婚姻生活中，如果你连丝毫的时间都不愿意付出来陪伴对方，怎能奢求得到同等的对待？

每个人对于如何维系婚姻可能都有自己的看法，以上所提的只不过是以"适应性效应"的观点来建议如何避免婚姻走上平淡之路。家庭与婚姻的维系需要双方均尽心地投入，单方面的一厢情愿恐怕并非长久之计！俗语说"一分耕耘，一分收获"，美满的婚姻生活又何尝不是如此呢？

Chapter 12

巴纳姆效应
(The Barnum Effect)

巴纳姆效应(Barnum Effect)：巴纳姆效应又称为佛瑞效应(Forer effect)，是由美国明尼苏达大学(University of Minnesota)的临床心理学教授保罗·米欧(Paul E. Meehl)于1956年发表在《美国心理学家》(*American Psychologists*)期刊上一篇名为《诚征：一本好的食谱》("Wanted: A Good Cookbook")的文章所提出。巴纳姆效应是一种心理现象，是说人们会对于某些针对自己的人格描述给予高度准确的评价，并且很有信心以为这些描述确实是为自己量身打造的。但事实上是这些描述往往十分笼统与普遍，以致能够放诸四海皆准，适用于许多人身上。巴纳姆效应对如占星学、占卜或心理测验等被普遍接受的现象，提供了十分全面性的解释。

Chapter 12　巴纳姆效应

有一位名叫巴纳姆的著名魔术师提到,他的表演之所以大受欢迎,是因为他在魔术表演中融入了每个人都共同喜欢的元素,所以他的表演使得每位观众都大呼过瘾;也就是说,巴纳姆的表演让每位观众觉得该魔术是为自己所精心设计出来的桥段,因此每位观众都会拍案叫绝。人们常常觉得有些笼统的、放之四海皆准的人格描述,十分准确地反映出自己当下的情境或性格,此种倾向在心理学上称之为"巴纳姆效应"。

心理学家佛瑞(Bertram Forer)于1948年对学生进行一项人格测验,并根据测验结果来分析该项测验结果与学生本身特质的契合度,并予以评分,0分最低,5分最高。事实上,对于所有个别学生有关针对他的"个人分析"之叙述都是完全相同的:

"你渴望受到他人喜爱,然而有时却对自己要求甚高。"

"虽然你先天的人格特质有些未尽完美,但大致而言,仍可靠后天的努力予以弥补。"

"你拥有许多潜能,只是欠缺发挥的机会。"

"在你看似坚强、自律的外表下,其实掩饰着一颗不安与忧虑的内心。"

"有些时候,你会深深质疑自己做了对的事情或正确的决定。"

"有时你不喜欢一成不变的生活,生活或自由受限时会让你感到情绪低落。"

"你往往为自己具有独立思想而感到自豪，并且拒绝接受没有充分证据的言论。"

"你认为对他人过度坦率并非明智之举。"

"有些时候你外向、亲和、善于交际，但有些时候你却内向、谨慎而沉默。"

"你的某些抱负似乎是不切实际的。"

该项实验的结果平均分数为4.26，也就是说，在满分为5分的情况下，被试对这些叙述是为他们所量身打造的同意程度高达4.26分。讽刺的是，在分数公布之后才揭晓，佛瑞是从星座与人格关系的描述中随机选出这些内容，而这些叙述几乎是适用于任何人。

东方人对算命似乎特别情有独钟，不管是手相、面相、易经占卜、紫微斗数等，各有其忠实的拥护者。然而西方人对此似乎也不遑多让，占星术、塔罗牌、血型、星座等不一而足。为何人们这么喜欢算命呢，探究其原因，主要是人们对于不可知的未来，通常具有某种程度的疑惑与存在着不确定感，希望通过预先知道未来的答案而能事先准备或是趋吉避凶。

此前，世界各国的流行病学专家对于疫情何时能够终止，始终抱持着不同的见解。此时各类星座专家和预言家纷纷发表自己的看法，其中又以印度神童阿南德（Abhigya Anand）的预言最受大家重视。姑且不论这些星座专家或预言家的预测是否正确，其实这些预言不外乎是以"乱枪打鸟,总有一两发会命中目标",或是以"巴纳姆效应"的观点来看,这些预言不过是以笼统性的说法来对世事加以预测。

从科学的角度来看,算命对于未来结果的推论,主要是以统计学为基础,无论是以何种算命的形式进行,不外乎将前人所留下来的记载当作推论的根据。然而每个人的命运真的可以预先得知吗?

姑且不论是否可藉由算命提前得知未来将发生什么事,即便真的可以,但既然这是注定的命运,你只不过是提前知道罢了,理应无法加以改变,否则岂不是每个人都可以改变自己的命运?那么命运就不能算是已经注定了。既然无法加以改变,那么提前知道未来命运又有何意义呢?如果未来的命运多舛,算命不是反而让自己提前多一分忧虑吗?"天下本无事,庸人自扰之",这与是否相信算命无关,而是逻辑问题。

事实上,算命之所以在现代社会中如此风行,主要是与现代人生活步调紧凑,容易产生心灵空虚的现象有关。也有人说算命之所以会如此具有吸引力,主要和人们对神秘力量之好奇、亚文化之认同,以及试图纾解生活压力有密不可分之关系。有句话说得好,"算命就像是人们给自己贴上一个标签",如同每个人都有身份证,知道自己是谁一样。

人生在世一定会遇到一些高低起伏的际遇,倘若一旦遇到不顺利的事情，便两手一摊把责任推给命运，此举不啻是一种不负责任的心态，更是一种对自己不负责任的行为。人生遇到挑战，不应该一味地坐困愁城，或是归咎于命中注定，而是应该想办法找出解决的方式。

许多人都相信性格与命运是命中注定无法改变的，然而学术界对此尚未有一致性的定论。美国心理学家班杰明·哈迪（Benjamin Hardy）在他的新书《我的性格我决定》（*Personality Isn't Permanent*）中提到性格的五大迷思。第一是性格可归类为不同种类；第二是性格是与生俱来不会改变的；第三是性格来自你的过去；第四是我们每个人都必须认识自己的性格；第五是性格能反映每个人真实的自我。既然是迷思，可见许多人对性格均存有误解而不自知。

美国社会心理学家朱利安·罗特（Julian B. Rotter）在他1954年所出版的《社会学习与临床心理学》（*Social Learning and Clinical Psychology*）一书中，提出了"内外控倾向"（locus of control）的观点。此一观点叙述了人们相信自己能够控制影响他们生活的情境和经验的能力有多强。抱持内控观点的人们相信只有自己才能掌控自己的生活与未来，也就是命运掌握在自己的手中；但抱持外控观点的人则主张，自己的未来一定会受到外在环境因素，或是机会、命运的影响，也就是命运天注定。这两派对于命运截然不同的观点，至今各有坚定不移的信奉者。

对我而言，我一直深信，决定自己命运的是每个人的使命感与对目标的自我期许，而非星座、血型或是性格，更别说是他人的预言。一味地活在别人似是而非的预言中，只会让自己的生命更缺乏探索的勇气。与其相信与生俱来的性格与命中注定的命运，还不如勇于跳脱自以为正确的性格框架，成就真正的自我。

　　你是否觉得情歌中"别人凄美的爱情故事，仿佛都是自己的写照"？如果你的答案是YES，那么肯定是"巴纳姆效应"在作祟。算命等一切有关于预知命运的说法，不妨就当作茶余饭后的话题即可。唯有抛开盲目的性格与命运迷思，才能真正地面对自己！

Chapter 13

框架效应
(The Framing Effect)

框架效应(Framing Effect)：1981年由以色列认知心理学家阿摩斯·特弗斯基(Amos Tversky)与以色列裔美国心理学家、2002年诺贝尔经济学奖得主丹尼尔·卡尼曼(Daniel Kahneman)提出。讯息框架的定义为通过使用正面与负面属性标签，或产品、问题、行为的"获得"与"损失"来呈现讯息。根据展望理论，框架是指讯息接收者使用与决策相关的讯息来比较评估产品或服务。解释框架效应的基本原理认为，当要求人们做出决定的讯息以具有正面意涵的"获得"(gain)表示时，个人倾向于趋避风险，而当要求人们做出决定的讯息是以具负面意涵的"损失"(loss)来表示时，则一般人便倾向于选择冒险。此外，框架效应指出人们通常厌恶损失；也就是说，以相同程度的"获得"与"损失"来比较，一般人会觉得"损失"的影响力比"获得"的影响力更大。

阿摩斯·特弗斯基(Amos Tversky)与丹尼尔·卡尼曼(Daniel Kahneman)两位知名的心理学家,把展望理论视为是预期效益理论(expected utility theory)的延伸。展望理论主张,理性的决策者会计算不同方案的预期效益,并选择能够把预期效益予以极大化的方案。

在特弗斯基和卡尼曼有关"框架效应"的研究中,其研究对象为一种罕见的传染病,预计该疾病将会导致600人死亡,目前医学专家们找出两种方案(A和B)可用于对抗该疾病,但由于从前并无相关研究可供推测现有两种方案的治疗效果,根据经验法则推算的结果如下:

如果采用A方案,200人将可救活。

如果采用B方案,1/3的概率会有600人可救活,但有2/3的概率将全部死亡。

研究结果显示,有72%的受访者选择A方案,只有28%受访者选择B方案。以框架效应来分析,在以"救活"为主要叙述前提的情境下,受访者倾向于将焦点放在"200人将可救活"vs"1/3的概率会有600人可救活"。换句话说,"200人将可救活"会被视为"获得"的选项,而"1/3的概率会有600人可救活"则被视为"风险"的选项(因只有1/3的概率)。根据展望理论的说法,当有机会以"获得"作为选项之时,人们比较倾向于规避风险。因此,大多数受访者选择A方案,符合展望理论的预期。

同样的情境，但将解决方案改为 C 和 D：

如果采用 C 方案，400 人将死亡。

如果采用 D 方案，有 1/3 的概率全部救活，但 2/3 的概率有 600 人将会死亡。

研究结果显示，只有 22% 的受访者选择 C 方案，但有 78% 受访者选择 D 方案。参照前述的观点予以分析，在以"死亡"（损失）为主要叙述前提的情境下，受访者倾向于将焦点放在"400 人将死亡"vs"但 2/3 的概率有 600 人将会死亡"。在有一线生机的情境下（仍有 1/3 的概率将全部救活），自然会成为偏爱的选项。

简单地说，"框架效应"的意义是，面对同一个问题，在使用不同的描述方式后，人们会选择乍听之下较有利或易接受的描述作为选择方案。当以"获得"（gain）的方式提问时，人们倾向于避免风险；当以"损失"（loss）的方式提问时，人们则倾向于追求风险。"框架效应"在沟通上的关键点是：内容是什么远不及如何陈述来得重要。

让我们举个例子，当你去超市选购猪肉之时，A 包装显示该份猪肉为 20% 肥肉，B 包装显示该份猪肉为 80% 瘦肉，两份猪肉的品质、价格、包装均无二致，此时你比较倾向于购买哪份猪肉？如果你的答案是 80% 瘦肉的猪肉，恭喜你已经落入"框架效应"的陷阱。因为 20% 肥肉和 80% 瘦肉的涵义并无不同，只是呈现方式有所差异。那么为何你会选择 80% 瘦肉呢？也许只是因为一般人对于肥肉较具反感,因而直觉上对于20%肥肉的呈现方式较为排斥。

"框架效应"除了可以用上述的"正面框架"和"负面框架"等的方式来呈现备选方案之外,也可以用"得失"的方式予以呈现。例如采取某些行动可获得哪些好处 vs 不采取某些行动将会无法获得哪些好处。

例如,保健品公司的广告常常会有类似的广告文案:"经常补充富含 Omega-3 多元不饱和脂肪酸的深海鱼油,可以协助你清除体内的脂肪,远离心脑血管疾病。"这便是以正面框架方式来呈现的广告讯息。相反地,如果广告文案的呈现方式是:"如果未能适时地补充富含 Omega-3 多元不饱和脂肪酸的深海鱼油,你体内的脂肪将不易清除,患心脑血管疾病的概率随之将可能大幅提高。"无论是采取哪些方式呈现,"框架效应"最吊诡之处,便是相同的事物以不同的叙述方式来呈现,将使得讯息接收者产生不同的观感与态度。

心理学家也主张讯息的叙述方式会影响人们如何处理讯息,也就是用捷思法(heuristics)或系统法(systematics)来处理讯息,因而常常会导致人们做出不一样的选择。由于"框架效应"本身是属于一种认知偏误,所以要避免"框架效应"影响本身决策,最重要的一点便是尽可能使用系统性的方式来分析讯息。顾名思义,捷思法就是人们运用极少的认知资源或是以直觉的方式来处理讯息；而系统法则是运用较多的认知资源，并经过仔细的分析，通过审慎思考的过程来处理外界的讯息刺激。

我们在生活中应如何避免受到"框架效应"的左右呢？基本上，我们可以把框架视为是一种诱导心智如何处理讯息的陷阱，也可说是影响我们如何看待世界的关键。有一句话说"心有多大，世界就有多大"，"框架效应"带给我们的影响也是如此。

当面对外界杂沓纷扰的讯息时，唯有将自己的内心净空，让自己处于一种清净澄明的中立状态，就不易被"框架效应"所干扰而踏入外界的认知偏误陷阱。同时也唯有避免"框架效应"介入我们的思考模式，才能让我们摘下有色眼镜来看这个美丽的世界！

Chapter 14

灰姑娘效应
(The Underdog Effect)

灰姑娘效应（Underdog Effect）： Underdog 这个词起源于 19 世纪欧洲皇室贵族的斗狗活动。在斗狗的过程当中，两只狗互相攻击闪躲，被压制在下方的狗就被称为"underdog"，而成功压制对方的狗就被称为"top dog"。虽然 underdog effect 一开始是见诸美国的新闻报道，但事实上第一次有文字记录 underdog 却是在英国的报纸当中。underdog 这个名词当初经常被用在政治选举的领域当中，它的含义是当一个政党或某一位候选人占上风而且看来似乎胜券在握的时候，一般民众反而会倾向于支持那些暂时落居下风的政党或候选人。此种 underdog 效应与传统的"花车效应"（bandwagon effect）恰巧相反，而可能与一般大众倾向同情弱者的心态有关。因此，underdog 效应不妨称之为"灰姑娘效应"。

Chapter 14 灰姑娘效应

安徒生的童话故事《灰姑娘》(Cinderella),其中的情节想必大家都十分熟悉。从字面上来看,"灰姑娘效应"是指某人(或组织)一开始的时候历经了千辛万苦,在外在条件均为不利的情况之下,凭借自己的努力奋斗,最后获得成功的发展历程。

在过去的几十年里,有关灰姑娘效应的故事广泛地出现在音乐、体育和电影中。

例如,在《英国达人秀》(Britain's Got Talent)电视节目担任评审的皮尔斯·摩根(Piers Morgan),在该节目中谈到苏珊·波尔(Susan Boyle)时说:"毫无疑问,这是我三年来在节目中遇到的最大惊喜。当你带着大言不惭的笑容站在那里说'我想像伊莲·佩姬(Elaine Paige,英国著名音乐剧演员与歌手)一样'时,每个人都在嘲笑你,现在没有人敢笑你了。那真是一个令人惊艳,令人难以置信的演出……"

该节目的另一位评审阿曼达·霍尔登(Amanda Holden)也评论道:"我非常激动,因为我知道原本每个人都瞧不起你。老实说,我认为我们一开始都对你非常没信心,但你的表现无异于给我们一记当头棒喝!"

类似的故事也发生在罗琳(J. K. Rowling,《哈利·波特》的作者)和林书豪(所谓的 Linsanity 林书豪旋风)身上找到。为什么灰姑娘的故事如此鼓舞人心?背后可能的原因是,当大家看到自己生活中的不如意同样反映在他人身上时,往往会产生"于我心有戚戚焉"的感受，并因此产生正面的反应。

就常理来看，人们通常更愿意将自己与人生赢家产生联结，也就是易于产生"有为者亦若是"的心态，而较不愿意自己与输家有任何瓜葛，这意味着背负着"灰姑娘"标签的人事物可能会受到排挤，甚至得到较为不利的评价。然而，事实上真的如此吗？

根据合理的推测，这世界上绝大多数的人应该都不是含着金汤匙出生的吧？能够出生在富贵家庭而不必自己努力奋斗的人，相对来说应该算是极少数。因此，一般人对凭借自己努力奋斗最后获得成功的人，通常会赋予正面的肯定评价。其中的可能原因除了与生俱来同情弱者的同情心之外，是他们的事迹反映了一般人内心深处的渴望——盼望有朝一日，自己也能如同"灰姑娘效应"中的主人翁一般地功成名就。因此现代社会中的"灰姑娘"会受到比较多的正面肯定，此种现象似乎就不足为奇了。

根据我近年来研究"灰姑娘效应"的心得来看，"灰姑娘效应"的重心，似乎应该是"灰姑娘"最后获得成功，而并非当初所历经的千苦万难。人们对灰姑娘效应特别有心灵感受，除了同情弱者的心态之外，最后的成功也许才是临门一脚的关键。

如果这些"灰姑娘"最后未能达到成功，那么大家对于他/她的正面观感是否也就没那么高了？请大家试着回想一下，如果发生了天灾人祸的事情，你打算捐款帮助那些受灾户，那你是选择一般名不见经传的小型慈善团体(仿佛尚未成功翻身的"灰姑娘"),还是会选择历经一沙一塔逐步成长,才有今日规模的大型知名慈善团体(像是已然蜕变成功的"灰姑娘")?

行政机构主计处的资料显示,台湾地区 2021 年的社会福利预算高达 5 594 亿元,创下历史新高,占当年度岁出 2.16 兆元的 25.9%,相较于 2020 年增长了 6.9%。这笔社会福利预算金额乍看之下十分庞大,而事实上有相当高的比例是用于社会保险的补助,而真正用于补助弱势、急难救助的金额仍是十分拮据;因此各慈善团体也无不希望社会大众能够共襄盛举,慷慨解囊来协助那些真正需要帮助的弱势族群。

以我自己较常接触的某一宗教慈善团体为例,当初参与的动机,倒并非着眼于该团体是否属于"灰姑娘效应"下的产物,而是出自对其理念的认同。有些人偏好做慈善捐献给大型的慈善机构,而非小型慈善机构,主要的原因是觉得大型慈善团体制度比较完善,不易有账目不清的问题产生,也就是自己的慈善捐款不会遭到滥用。其实不论是捐献给大型慈善团体还是小型慈善团体,只要愿意协助那些需要帮助的人,常葆一颗慈善的心,这种行为都值得加以鼓励!

除了慈善团体之外,许多表演艺术团体也是"灰姑娘效应"的极佳范例。十多年前,有一次我邀请一位目前颇具知名度,且发展得颇为蓬勃的剧团团长前来我所任教的学校演讲,当时该剧团仍处于发展阶段，所有经费开支都十分拮据，当我打电话提出邀请之时曾说道："不好意思！由于学校的经费限制，所以请您来演讲的费用可能只有区区的数千元，请您不要见怪。"

这位剧团团长与我素昧平生，当时他说了一句让我至今印象仍十分深刻的话："非常荣幸有机会能前往贵校演讲，我并不在乎演讲费的多寡，如果我真的那么在乎金钱的话，我就不会从事表演艺术这个行业了。"

虽然事隔多年，他的这番话至今仍深深地烙印在我的脑海当中。一个人能够坚持自己的兴趣与梦想，就着实令人敬佩。就我印象所及，政府的文化部门对于表演艺术团体也有经费补助，然而这些经费也似乎只是杯水车薪而已。那些较为大型的表演艺术团体，除了有政府的经费补助之外，也有机会获得一些企业团体或财团等的资助，至于那些较小型或是知名度较低的表演艺术团体，在还没蜕变成"灰姑娘"之前，可能就必须自食其力谋求生存之道了。

从上面的例子来看，不论是慈善团体或是表演艺术团体，在它们身上所发生的"灰姑娘效应"，很有可能会影响到民众对他们的支持度。而要让"灰姑娘效应"发挥到极致，其中很重要的关键点，便是最后能成功蜕变成"灰姑娘"。

对于一般民众而言，除了支持那些目前已具规模的团体之外，对于那些正在"灰姑娘效应"的路上努力奋斗的团体，也请不吝于多给予掌声与鼓励。让我们的社会不是只有锦上添花的"灰姑娘效应",对那些正在茁壮成长的"准灰姑娘",也能够让他们感受到他们并不孤单,这个社会上还有一群人在默默地支持他们。

Chapter 15

比例偏误

(Proportion Bias)

比例偏误（Proportion Bias）："比例偏误"属于一种认知偏误，与"框架效应"有异曲同工之妙，其概念源于我们在处理明确数字上，比起相对需要计算的比例或百分比较为容易。例如，当被要求评估两个以年度计费的串流影音服务方案（例如，方案A为每周可下载观赏7部新电影，方案B每年可下载观赏364部新电影）时，在此条件下，人们似乎倾向更喜欢方案B。这是因为我们的感官认知系统与绝对理性系统处理资讯的方式不同，感官认知系统会将资讯具体地加以编码，对于明确数字会比对比例或百分比数字产生更具体的诠释。基本上，由于人们每天接触的讯息均处于资讯超载的状态，因此多数人会运用"捷思法"（heuristics）来处理资讯，直截了当地明确数字比需要计算的比例数字更接近"捷思法"的原则，因此比较容易获得青睐，但"比例偏误"也随之形成。

百货公司的周年庆常常会标榜"满千送百"或是"满万送千"，乍看之下似乎并无不同，回馈的比例都是10％。但是事实上，两者的门槛却是天差地远，高达十倍之多："满千送百"是消费金额只需到达一千元即可享受回馈，但是"满万送千"却是消费要高达一万元才能享有回馈。然而，由于一般人对于日常生活中的讯息刺激，大多采取所需认知资源较少的捷思法加以处理，因此常常误入语意的表面陷阱而不自知。

我们再来看另外一个例子：今天你想买一只手表，在A商店看到这只手表的售价是4 000元，当你正要掏钱付账的时候，你的朋友打电话告诉你，在B商店看到同一款手表只需要3 900元，但是从A商店到B商店的车程有10分钟。此时你会怎么做呢？此时你是否愿意多花10分钟的车程去购买价格便宜100元的同款手表？

我们再来看另一个类似的例子：今天你打算购买一部手机，你在某一正式授权经销商C商店的店内看到的售价是10 000元，当你正要付钱购买之时，你的朋友打电话告诉你，同款且相同规格的手机在某大知名电信通路D商店只需要9 900元，但是从你目前所在的C商店到D商店需要10分钟的车程。此时你会多花10分钟去买价格便宜100元的同款手机吗？

以上述的两个例子来作比较，你觉得在哪一种情况之下，你会比较愿意多花10分钟的车程去买售价便宜100元的商品呢？

我自己做的研究结果显示，在第一种情境（手表）之下，一般人比较愿意多花 10 分钟的车程去买便宜 100 元的手表；但是在第二种情境（手机）之下，一般人却比较不愿意多花 10 分钟的车程去买便宜 100 元的手机。道理何在？

一般人的想法如下：在第一种情境（手表）之下，多花 10 分钟车程的时间可省下的金钱比例是：100/4 000＝0.025。从经济学的观点来看，这 10 分钟车程的时间可以获得原价九七点五折的优惠，也就是 2.5％的经济效益。但是在第二种情境（手机）之下，多花 10 分钟车程的时间可以省下的金钱比例是：100/10 000＝0.01，相当于仅有 1％的经济效益。

这就是典型的"比例偏误"迷思！多花了 10 分钟的时间成本所换取的经济效益，在两种情境之下都是 100 元，其意愿强度应该并无不同。但是为何人们要考虑原本商品的售价，并且据以计算出效益比例呢？此两种情境之下所省下的 100 元，在货币市场上的价值并无差别，具有完全相同的购买力。因此对于理性的人而言，在这两种情况之下，愿意多花 10 分钟车程的时间成本去购买较便宜商品的意愿强度，应该是不分轩轾。

"比例偏误"的例子在日常生活中比比皆是。再想象一下，你最近打算把一辆开了 20 年的老车换掉，心目中的理想选择是一辆售价 50 万元的知名品牌汽车。当你进入该汽车的经销商店且一切配备与价格都谈妥之后，汽车业务员突然问你要不要升级至原价 5 万的控温座椅？只需要加价 2.5 万元，这时你会怎么做决定呢？

许多人可能会选择同意加价 2.5 万元升级至此种原本 5 万元的控温座椅，虽然平日可能不愿意花 2.5 万元购买客厅的沙发，即使心里很清楚坐在客厅沙发上的时间远比在汽车上的时间多。此一决策背后的原因亦与"比例偏误"脱离不了关系，因为相对于价值 50 万元的汽车而言，2.5 万元只是相当于 5% 的金额而已。再者，花 2.5 万元便能获得原价 5 万元的控温座椅，相当于以对折的价格购买到此一商品，你的内心感到此种升级实在是太划算了！然而，事实真的如此吗？

人们除了在货币价值上的计算容易陷入"比例偏误"的迷思而不自知外，在日常生活中又何尝不是如此？人算不如天算！曹雪芹所著的《红楼梦》第五回中有这么一句话："机关算尽太聪明，反误了卿卿性命。"后世常用这句话来形容一个人如果过于斤斤计较，对一切事物都予以精算得失，到头来反而得不偿失。

人生在世，不必执着于利益得失，眼前的现实未必能够保证日后的获益，特别是与朋友之间的相处。朋友相交，贵乎知心，不必在乎什么财富地位，身份高低；若是过于在乎朋友之间付出多寡，恐怕无法结交到真正知心的朋友。

我 2021 年 9 月从国外回来，依照规定，必须在防疫旅馆隔离 14 天。然而，在这 14 天当中，恰逢每年一度的中秋佳节，就在中秋节前夕前几天，我的朋友们络绎不绝地将补给品送到我住的旅馆，有些人甚至亲自送达，就算是只能放在旅馆柜台无法与我会面，他们仍是千里迢迢不辞辛劳地前来表达慰问之意。对于他们的情谊，我深深地铭感五内。

在与交易有关的经济行为当中，如何避免"比例偏误"的一项最重要的原则，就是无视比例，而将重心放在绝对数字之上。至于朋友之间的相处，则请把"比例偏误"完全抛诸脑后，过于精打细算只会让你身边留下的只是和你同类型的人士，而没有真正的朋友。要想让你的人生之路走得更加顺遂，不妨就从避免"比例偏误"做起！

Chapter 16

"少反而好"效应
(The Less-Is-Better Effect)

"少反而好"效应(Less-Is-Better Effect)："少反而好"效应主张,当人们针对两个选项分别单独作比较的时候,可能会觉得事实上比较差的选项看起来比较好;但是如果把这两个选项放在一起做选择的时候,就会觉得看起来比较好的选项确实比较好。让我们来看一个例子:你的生日快要到了,你的朋友A送给你一本价值600元的精装书当作生日礼物,看起来很有价值感,你觉得十分高兴;而你另外一个朋友B送了你一瓶价值700元的红酒,你反而可能会觉得这个朋友似乎比较小气。因为对于红酒而言,700元只是一件非常便宜的商品;但是对于书籍而言,600元属于相当高价。然而,从客观的角度来看,700元的价格是比600元更高啊!但你为什么会这么觉得送600元精装书的朋友比送700元红酒的朋友更大方?这取决于这两个礼物是被放在一起比较,或者是在各自的商品类别中单独被评估。

Chapter 16 "少反而好"效应

美国芝加哥大学行为经济学家奚恺元（Christopher Hsee）教授率先提出"少反而好"效应。奚教授在实验中让受访者想象他们在夏日海滩上，附近有一个卖冰淇淋的小贩，第一组被试者被告知这个小贩使用 10 盎司的杯子装一杯 8 盎司的冰淇淋，另外一组被试者被告知这位小贩使用 5 盎司杯子装 7 盎司冰淇淋，然后要求这些被试者写下他们愿意花钱买这杯冰淇淋的意愿有多高。

结果出乎意料地显示，选择 7 盎司冰淇淋装在 5 盎司杯子的被试者的意愿，竟然比 8 盎司冰淇淋装在 10 盎司杯子的被试者更高！也就是说，与没装满容器的冰淇淋相比，人们更愿意去买一杯满到溢出容器的冰淇淋，虽然事实上后者的分量较少。

第二个实验则是告知被试者有两个小贩同时存在，结果显示这两组冰淇淋被购买的意愿差不多。"少反而好"效应涉及心理学上的偏好逆转（preference reversal），也就是说当个别选项被单独呈现的时候，也就是外界的参考点不存在时，人们可能会依照所属的背景（context）类别加以判断，有可能会偏好客观上没有那么好的选项；但如果多种个别选项同时存在的时候，便可能形成偏好逆转的现象。基本上，可以说是此种偏好逆转与讯息所处的背景息息相关。

除了情境背景的存在会影响"少反而好"效应之外，许多其他情境也可能会造成出乎意料且反直觉的偏好逆转。我们来看一个例子：

我有一位在职硕士班的学生在台北市的安和路开设一家餐厅,有一次上完课后他向我求救:"老师,可不可以麻烦帮我分析一下为何我的餐厅生意不好?我餐厅的装潢、食材、口感、地点,甚至服务品质,以及来用餐过的客人均表示不错,且价位也合理,但生意始终无法进一步地开展,始终维持在不上不下的阶段,虽然没有亏钱,可是似乎也没赚到钱。可否以消费心理学的角度帮我分析一下?"

餐厅的经营我并不熟悉,所以我请他把餐厅的菜单拿给我看一下。当我看到菜单之后,我发现了其中可能的关键所在,我对他说:"你餐厅的消费形式有点类似王品集团的西堤,在你的菜单中,每位消费者必须从饮料、前菜、沙拉、主食,以及饭后甜点当中各选一种当作自己的套餐。此种立意虽然很好,也就是每个人都可以拥有为自己量身打造的套餐,但你有没有发现存在一些问题?"

"我的饮料、前菜、沙拉、主食和饭后甜点,都有很多不同的选项可以让顾客做选择,应该没有问题才对啊!"他回答我。

"没错!你的问题就是出在这些地方!"

"你自己看一下,你的饮料、前菜、沙拉、主食和饭后甜点都各有将近 10 种选项可供选择,乍看之下似乎很好,对吗?"我露出神秘的微笑。

"是啊,让顾客有更多选择不是更好吗?而且为了要让顾客

Chapter 16 "少反而好"效应

有更多的选择弹性,我厨房的食材还必须更加多元,这些对我而言都是成本哩!"他说。

"因为你餐厅的地点是在商业办公区,如果我没猜错的话,你的顾客大多是属于商业客户居多吧?也就是通常不会是顾客一个人来用餐。"我问。

"对啊!"他回答。

"既然是商业客户而且不是单独前来用餐,那么他们的重点可能就未必是餐点是否具有极高的多样性,社交应酬加顺便用餐才是他们的目的。你看一下你的饮料、前菜、沙拉、主食和饭后甜点,每一种都有将近10种选项。换句话说,他们只是要和商业客户谈生意,聚餐并非主要目的,但是却要从这50种选项中选出5种自己中意的菜色或甜点。在并非以用餐为主的情境下,要他们做出此种选择,似乎远远超过了一个商业客户短时间的认知负荷能力!"我告诉他。

"有道理唷!"他似乎若有所悟。

"很多人以为,我给他人的选择愈多,对方应该会愈高兴,但事实上并非如此。太多选项可供选择,只会给他们在认知负荷上造成困扰,也就是心理学上所谓的认知超载(cognitive overload)。"我补充说明。

我看过一个颇具人生哲理的故事:有一位美国纳斯达克股票上市公司的总裁跑去南美洲智利的一个小渔村度假。有一天早上 10 点半左右,他看到有一位智利渔夫在捕鱼,他便上前和这名渔夫攀谈。

"请问方便请教一下,你每天捕鱼的时间多久?"总裁问道。

"哦!我每天早上 10:30 捕鱼到中午 12 点,然后回家吃饭,中午休息到下午 3 点,然后再过来捕鱼到 4:30,接着就回家和家人准备共度美好的晚餐时刻。我每周只工作三天,其余的四天,我有时会和家人外出露营、访友或到处走走。"渔夫回答。

"请问你不觉得每周只工作三天,而且每天只工作三小时,这样的工作时间太少吗?"总裁很好奇地发问。

"会吗?我觉得这样很充实啊。"渔夫感到很不解。

"我是美国一家纳斯达克股票上市公司的总裁,让我来教你如何赚钱。你应该每天捕鱼九小时,每周工作五天,这样子多出来的五倍渔获量可以卖给生产鱼罐头的工厂,等到你的收入增加之后,接着就可以把鱼罐头工厂买下来做跨国生意。等到跨国生意愈做愈大之后,就可以在美国纳斯达克挂牌上市。如此一来,你就可以像我一样成为上市公司的总裁了。"这位总裁很骄傲地说道。

"然后呢?"渔夫接着发问。

"这样一来,你就可以很怡然自得地每周工作三天,每天只工作三小时即可。多余的时间可以和家人相处,和朋友们聊天、唱歌跳舞啊!"总裁回答。

"嗯!但这不就是我现在过的生活吗?"渔夫笑了笑。

"少反而好"效应中所谓的"少",并非绝对上的"少",而是相对于过量而言的"少"。人生也是一样,一味地追求功名利禄永远没有止境,反而降低了生活品质,这岂是明智之举?"少反而好"效应应该有助于您对人生有更深一层的体悟吧?

Chapter 17

费雪宾模式
(The Fishbein Model)

费雪宾模式(Fishbein Model)：传统上，态度是指人们对某个特定标的物所学习到的持续反应性倾向。影响态度的因素有所谓的三位一元理论，也就是 ABC 模式(ABC Model)。由美国心理学家托玛斯·奥斯特罗姆(Thomas Ostrom)所倡导的 ABC 模式认为，影响态度的因素为情感(affect)、行为(behavior)与认知(cognition)。而曾任教于美国宾州大学的心理学家马丁·费雪宾(Martin Fishbein)教授则于 1963 年提出了著名的"费雪宾模式"（亦称为"多属性态度模型"）。该模式主张，人们对于某件事物的态度取决于三项要素：属性、信念与偏好评估。

Chapter 17　费雪宾模式

"费雪宾模式"以数学模型来表示即是：

$$A_{kj} = \sum_{i=1}^{n} W_{ki} B_{kij}$$

A＝个体对标的物的态度，W＝权重，B＝信念，k＝个体，i＝属性，j＝被评估的标的物，n＝属性数目。

乍看之下此一公式颇为复杂，但事实上它可套用在所有需要做决策的情境，以帮助人们做出有效且理性的决策。以下便举例说明：

假如你目前正在求职，在列出心目中求职的标准（属性），并决定各属性的重要性（权重）之后，依照"费雪宾模式"可以画出如下的表格：

属性	属性权重（1—10 分）	对各工作属性的信念（1—10 分）			
		工作 A	工作 B	工作 C	工作 D
起薪	7	8	6	6	7
工作地点	8	8	7	8	8
升迁顺畅性	8	7	7	8	6
公司规模	6	6	8	7	6
发展前景	9	8	8	7	9
总分		284	274	275	278

从上述的表格可知，在决定各属性、属性权重并分别给予各

属性分数以后，以理性客观的标准来看，工作A应该是综合评比最高分的选项，并予以最优先考虑。但事实真的如此吗？有太多人会因内心情绪化，并未将一些属性列为评估项（例如公司门面不够气派），而不理性地放弃选择工作A，反而去选择综合分数较低的其他工作。

身处于现代紧张忙碌的社会中，生活的压力愈来愈大，日常生活中面临必须做出选择的场合也愈来愈多。似乎永远消化不完的资讯时常让人目不暇接，内心恐惧做出误判的忧虑也无形地对身心造成压力。人们所感受到的选择困难，小至今天晚餐要吃什么，大至婚姻对象的选择，都可说深深困扰着现代人！无怪乎很多现代人都有选择困难症，似乎选择困难症已经变成了一种流行的现代文明病。

选择困难症（decidophobia或是select phobia）原本在心理学上是属于一种心理疾病。根据字面上的意思来看，选择困难症也就是指人们在选择这件事情上产生了恐惧。基本上，选择困难症所带来的心理困扰对每一种人的生活影响都非常深刻，特别是对于那些事事追求完美的人而言，更容易产生选择困难症。

从生理上来看，面对选择的时候往往会刺激人的内分泌系统产生肾上腺素，强化人们对外界紧张状况的系统性扫描，这本来是属于一种对人类有益的生理安全机制。但此种内分泌系统如果在运作上超过正常水准，便可能衍生出病态反应的症状，例如

Chapter 17　费雪宾模式

强迫症（obsessive-compulsive disorder, OCD）与广泛性焦虑症（generalized anxiety disorder, GAD）。

选择困难症的人在面临抉择的时候经常手足无措，他们通常会在备选方案上犹豫不决，无法做出两全其美的决定。因此他们常常会采取要求别人代为决定，或是选择大多数人选择的选项。

选择困难症通常起源于下面两种主要原因：

1. 追求完美：研究星座血型的人也许会觉得 A 型处女座是完美主义者的典型代表。完美主义者通常会以过多的考量点来评估各待选方案，务必在各个条件上都达到高标准才甘心。但某一方案在各方面的表现都出类拔萃谈何容易？此一现象更令具有完美主义倾向的人难以做出决定。

2. 历史伤口：从前在某一项类似的选择上曾经做错决定而导致重大损失，甚至造成心理阴影。因此未来再度遇见类似的决策情境时，便会产生恐惧而无法果断地做出决定。

那么要如何克服选择困难症呢？最重要的是要练习培养自己的心理素质，也就是壮大自己的心理素质强度。"其实选择错误又怎样"是必须牢记在心的无上心法。人生不可能事事尽如人意，更别说是皆能达到完美的境界。如果这层心魔无法自行克服，那么外界的协助恐怕也只是杯水车薪。

大家读书的时候想必都做过选择题的考试吧？在校时考试的选择题有老师规定的标准答案，毕业之后进入职场、进入社会，同样也会面临人生的选择题。但不同的是,人生的选择题没有标准答案！选择相同答案的人,日后的际遇却未必相同,关键是你如何面对人生的出口。

有句话说:"生命会找到自己的出口。"其实,重点不在于如何选择你的人生方向,而是在于如何面对自己的选择。有了这层深刻的认知,相信"选择困难症"不会再对你造成困扰。

"费雪宾模式"不只可用于工作的选择,日常生活中所有的决策,例如购物、择偶等,均可利用"费雪宾模式"做出较为理性的决策,或做出较为不易后悔的选择。也就是说,"费雪宾模式"是一个以理性科学的方式,协助大家对于人生中的决策予以逻辑性的思考,并做出"近于合理,但未必100％完美"的选择。希望"费雪宾模式"能帮助大家远离选择困难症,让你的人生决策不再犹豫不决！

"容许些微的不完美,才能成就真正的完美"这句大家耳熟能详的话,相信可以让你的"选择困难症"一扫而空。

Chapter 18

禀赋效应

(The Endowment Effect)

禀赋效应(Endowment Effect)： 禀赋效应主张当一个人拥有某项物品或资产的时候，他对该项物品或资产的价值评估要大于尚未拥有这项物品或资产之时。2002年诺贝尔经济学奖得主、美国心理学家丹尼尔·卡尼曼(Daniel Kahneman)曾经进行过关于"禀赋效应"的实验。在该实验中，工作人员把受试者随机分成两组，一组在完成问卷后，得到一个马克杯作为"礼物"；而另一组完成问卷后，得到一盒巧克力作为"礼物"，两者价值相同。当受试者收到"礼物"后，工作人员便告诉两组受试者其实可以任选巧克力或马克杯作为"礼物"，随后并询问他们是否愿意互相交换。由于受试者为随机分配，所以依照统计学来看，应该有大约一半的受试者会选择互换。但结果显示：只有一成的受试者选择互换。换句话说，得到马克杯的人中有大部分人认为马克杯较好，而得到巧克力的人中有大部分人认为巧克力较好。据此，心理学家推断出：人们倾向于喜欢自己目前拥有的东西，当我们产生拥有某件物品的感觉后，该物品的价值也会在心中自然而然地随之提升。

Chapter 18 禀赋效应

从古典经济学的理论来看,人们的决策都是以完全理性为基础,也就是说人们不会做出任何于己不利的决策。但是随着心理学融合经济学而形成的新兴"行为经济学"(behavioral economics),逐渐打破了传统经济学主张的"完全理性"(perfect rationality)的概念,并且提出"有限理性"(bounded rationality)的观点。换句话说,人类的行为决策有时可能并非以完全理性的观点出发,有限理性的决策比比皆是。"禀赋效应"(endowment effect)就是行为经济学中一个极为有趣且重要的概念。

"禀赋效应"主要探讨的概念,就是描述人们通常会有"不喜欢目前已拥有的东西被剥夺"的心态。当你拥有某种东西时,你对该项物品的价值评估会超过尚未拥有它之时;而当你一旦拥有它之后,如果有人要求你出让或转卖,则对方往往必须付出比该商品原本购入时更高的价格。因为一般人都会觉得,对于已经拥有物品被剥夺之后所产生的痛苦,永远高于当初拥有它时的快乐。一言以蔽之,这不就是"敝帚自珍"的写照吗?

除了上述的实验之外,美国心理学家丹尼尔·卡尼曼(Daniel Kahneman)曾经作过有关于"禀赋效应"的另一项实验。

在实验中,卡尼曼向一群随机选取的大学生受试者展示了一个售价6美元的马克杯,并告知他们此种马克杯的市场售价。其中一半的受试者免费获得了这个价值6美元的马克杯,另外一半则没有。接着卡尼曼要求拥有马克杯的受试者表达他们愿意用多少钱出售此一马克杯；另外，尚未拥有此种马克杯的受试者则表达愿意花多少钱去购买此一马克杯。

实验结果显示，对于那些已拥有马克杯的受试者而言，5.25美元是他们可接受最低的出售价格（"愿意接受的出价"，willingness to accept，WTA）；但是对于那些目前尚未拥有该马克杯的受试者而言，他们愿意付的最高价格是2.75美元（"愿意购买的出价"，willingness to pay，WTP）。此一实验结果清楚地显示出"禀赋效应"的结论：一旦人们拥有某件物品之后，对于它的主观价值感会大大提升，远远高于尚未拥有它之时。以简单的数学式加以表示，就是WTA＞WTP。

有人把"禀赋效应"视为一种断舍离所带来的巨大痛苦，此种痛苦的负面冲击程度，远远高于当初拥有该物品时所带来愉悦感的正面冲击程度。

让我们来看一个例子：如果你今天买了一栋房子，经过仔细精心装潢之后，你很开心地迁入新居。过了三个月，当你仍然沉浸于享受此一新房的喜悦时，某一天，有一位曾经参观过你新居的朋友打电话来，询问你是否愿意将房子转卖给他。对于你而言，房子本身加上装潢的费用一共花了三百万元，此时你会以原价三百万元卖给这位朋友，还是会要求比三百万元更高的价格才愿意出售？

假使你不是投资客，也不考虑房市上涨的外部因素，我猜测绝大多数的人在此种情况之下，都会选择要求比三百万元更高的价格才愿出售。从"禀赋效应"的观点来看，因为你已经拥有了这栋房子，你对它的价值评估必定会高于当初实际投入的成本。也就是说，你愿意出售的价格包括了实际的金钱成本以及断舍离的心理成本。至于断舍离的心理成本有多高，则可能因个人的心理素质强度而异。

至于断舍离的心理成本，可以用心理学的情感依附（emotional attachment）的观点来诠释。当你拥有了某种物品之时，倘若在你并未对它产生厌恶不满情绪的前提之下，通常会对它逐渐产生情感依附，一旦被要求和它"分手"，对方必须付出高于你当初拥有它时所花费的实际成本，来弥补此种断舍离的"心理创伤"。

大家应该都听过一句话，"天下没有白吃的午餐"或是"免费的永远最贵"。在我们的日常生活之中，许多厂商也会运用"禀赋效应"来攻陷消费者的心防。例如，信用卡发卡银行会以类似下列的广告语来吸引消费者申办新的信用卡："现在申办××银行信用卡，可以免费获得500元购物金，也可以在本银行精选商品专案中折抵使用，新办卡友才享有此优惠……"

如果你选择申办此信用卡，对于你而言，这500元已经是属于你的，若不在有效期限之内善加运用，这500元的购物金就会失效。为了避免从"拥有的愉悦"演变成"失效的痛苦"，你的内心便会激发你努力地寻找消费的机会，你也很有可能因此从该银行的专案中选购商品，而这正是厂商运用"禀赋效应"的企图。

电视购物标榜免费试用七天，除了公平交易法的规定之外，"禀赋效应"亦是免费试用背后的关键考量！因为消费者如果选择试用，也就是拥有该项商品之后，除非该项商品的品质或功能太离谱，否则绝大多数的消费者通常会选择留下它，因为要将已经属于自己的物品选择退货，实在是于心不忍！这也正是厂商的"阳谋"啊！

人们通常会对已拥有的物品赋予不理性的超量偏好，并赋予过度的价值。面对人生所有的抉择，无论是爱情、婚姻、职场工作甚至投资理财行为，唯有试着让自己勇于面对断舍离，才能避免"禀赋效应"影响理性的判断。

Chapter 19

心理账户

(Mental Accounting)

心理账户(Mental Accounting)：2017年诺贝尔经济学奖得主、美国芝加哥大学行为科学教授理查·塞勒(Richard Thaler)以"展望理论"(prospect theory)为基础,提出了"心理账户"(mental accounting)的概念。设立账户原本是个人或企业用来记录收入和支出的手段,以便于资金管理并计算盈亏。然而塞勒教授发现了人类心理上也有此种账户的存在,称为"心理账户"。按照传统经济学的理论来看,金钱本身并没有特定标签,非属同一笔的金钱在不同的用途上理应具有互相流动性与替代性;然而在"心理账户"中,人们会依照金钱的来源或使用途径的不同,把金钱分配至不同类别和不同用途的账户之中,而且不同账户内的金钱彼此也不能互相流动使用。也就是说,用于不同用途之各笔金钱具有各自的"标签"(label),这是"心理账户"中一个很重要的原则。

Chapter 19　心理账户

有一位久未谋面的朋友打电话和我叙旧,问起近况,他叹了一口气:"唉!别提了!原本老板固定给我每月两万元的特别津贴最近突然被取消了。"他无奈地说。

"为什么?你最近工作表现不佳吗?"我问。

"没有啦!只是老板说,为了让公司更有制度化,他决定把全公司所有的特别津贴都取消,改为对身兼两个以上(含两个)部门的主管多发两万元(即主管津贴)。"他语气平淡地这么说。

"咦!奇怪!那你这样不是每个月的总收入并未减少?这样有什么好不高兴?"我很好奇地问。

"可是我总是感觉那原本可领到的两万元特殊津贴凭空不翼而飞,因此心里觉得不太舒坦。"他这么回答。

上述的例子其实就是"心理账户"的效应在作祟。原本可领到的两万元特殊津贴是被归类在"特别津贴"的心理账户之内,而额外获得的两万元是被放在"主管津贴"的心理账户之内。由于"心理账户"的特性之一,就是不同账户之内的金额不能互相流用。所以虽然我这位朋友每月的总收入不变,但是额外"主管津贴"账户内金额增加所带来的愉悦感,并无法弥补"特别津贴"账户内金额减少所造成的损失感,所以他会感觉到似乎整体的收入减少。

再试着想象另外一个情境:今天你中了乐透一万元,和你辛苦加班一个月所获得的加班费一万元,哪种来源的钱你比较容易乱花掉？应该大部分的人都会觉得中乐透的钱比较有可能随便花掉。虽然这种心理很正常，但似乎不够理性。

就金钱的货币价值来看，两者都是一万元；再从经济的角度来看，两者在市场上的购买力都是一万元，为何中乐透的一万元奖金比较容易被花掉？因为一般人可能都会觉得"Easy money, easy go"，但理性的人应该要这么想：如果不把中乐透的奖金乱花掉的话，下个月就可以不用这么辛苦地加班了，不是吗？

本章一开始提到，"心理账户"最重要的概念便是，通常人们会依据"金钱来源"或"使用途径"的不同，把金钱归类至不同的心理账户。以上的两个例子，便是不同来源的金钱被归类至不同心理账户的实例。接着我们来看"使用方式"不同所造成的"心理账户"效应。

第一种情境：今天是周末，你打算出门去欣赏某乐队的演唱会，出门之后你才发现原本购买的价值1000元的演唱会门票不见了。此时你可以选择仍然前往，到达现场之后再购票（假设仍买得到票的前提下），但是必须再多花1000元。

第二种情境是：你已经出门，在去欣赏某乐队演唱会的路上，并打算现场购买一张1000元的演唱会门票，当你正准备进入地铁站时，你突然发现你的地铁卡不见了，你昨天才充值了1000元，此时，你会继续前往参加某乐队的演唱会吗？

在第一种情境之下，应该很多人便会放弃再去购买一张1000

元的某乐队演唱会门票,因为对于你而言,欣赏某乐队演唱会门票的成本变成2000元,可能超过你的当月娱乐预算。但是在第二种情境之下,相信许多人还是会选择前往欣赏某乐队的演唱会,因为遗失价值1000元地铁卡,对于你而言只是交通费账户内的损失,与你的娱乐账户并无直接相关性。

经济学之父亚当·史密斯(Adam Smith)的《国富论》(*The Wealth of Nations*)当中曾提到所谓的"一只看不见的手"(an invisible hand),被后人视为是古典经济学思想的核心所在。"一只看不见的手"通常是指在假设无外力的干扰之下,自由市场内的供给和需求会自然地达到均衡状态,价格与数量都会达到最适的水准,仿佛市场运作背后受到一股无形力量的牵引,因此被称为"一只看不见的手"。

就像是经济学上"一只看不见的手"一样,"心理账户"也是以无形的方式存在于许多人的心中,并且是以不着痕迹的方式运作,使人们不自觉地做出不理性的行为。在"心理账户"的制约下,每个人对于各种金钱的来源和用途会予以分门别类,并且不允许互相流用。当某一账户内的金额用罄,基本上不会以总金额的概念,从别的账户省下来钱流用到余额不足的账户,因为此举会破坏各心理账户之间的排他性。

假使政府发放一笔补贴费用,其发放方案有两种:一、交1000元押金可获得5000元补贴;二、不必交押金,直接给予每位民众

4 000元补贴。换句话说,这两种方案每位民众在扣除成本之后都可以获得4 000元补贴。

乍看之下,这两种方案的实际获利都是4 000元,但是民众心里的感受恐怕有非常大的出入。我们便以"心理账户"的观念来分析如下:

在第一种方案下,每位民众在"生活花费"的账户中付出1 000元,而在"意外收入"的账户中进账5 000元。虽然收入的账户里面多了一笔天外飞来的财富5 000元,但是"生活花费"的账户里面却少了1 000元,会被视为是一笔意外的损失。

"框架效应"告诉我们,在相同规模的情况下,损失的权重永远大于获益的权重,因此1 000元损失背后所代表的意义远超过1 000元的账面价值,也就是说民众会觉得在此方案下,他的实际收入小于4 000元。但在第二种方案下,由于不必付出任何成本,所以民众所感觉到的实际收益也就等于4 000元。因此,消费者当然比较青睐第二种方案。

那么要如何避免"心理账户"所造成的非理性认知偏误呢?其实最简单的做法,就是以"结果导向"的观点来看待各个方案。人生路上的风景固然美丽,但终点才是每个人的目标。在各种人生竞赛中,起跑点永远只是过程而已,唯有终点才是决胜点,不是吗?

Chapter 20

妥协效应
(The Compromise Effect)

妥协效应(Compromise Effect)：由美国斯坦福大学(Stanford University)伊特玛·赛门森(Itamar Simonson)教授于1989年所提出的"妥协效应"，原本是运用在消费心理学的情境中的。该理论主张，一个由品牌A和品牌C组成的选择集合，每个品牌在属性上各有利弊。当第三个选项(即B品牌)被添加到选择集合中，且B品牌的属性优劣程度介于两个极端选项(A品牌和C品牌)的属性优劣程度之间，此时成为中间选项的B品牌便成为妥协选项，将可获得比A品牌和C品牌更大的市场占有率。

请试着想象一个情境：明天是你女朋友的生日，你想为她买一个生日蛋糕。当你进入某家知名蛋糕店时，发现蛋糕冷藏柜中有两种相同口味但尺寸不同的蛋糕可供选择：6寸蛋糕售价300元，以及10寸蛋糕售价600元。当你正在犹豫不决之时，一位有着亲切笑容的店员向你走来："您好！请问需要帮您推荐吗？"

"嗯！我正在考虑要选6寸还是10寸的蛋糕。"你这么回答。

"先生，我们里面的冷藏柜中还有8寸的相同口味蛋糕哦！售价450元。"店员很热心地提议。

"哦！我想我选择8寸蛋糕好了，请帮我结一下账。"你当机立断地做出了决定。

理论上，在条件相当的情况下，三种蛋糕被选择的概率应该都各是三分之一。但为何当售价450元的8寸蛋糕被添加到这个选择集合时，反而会降低6寸与10寸蛋糕对你的吸引力呢？因为在8寸蛋糕被加入选项时，6寸和10寸蛋糕可能会分别因为显得太小或太大而成为极端选项，8寸蛋糕就变成妥协选项（中间选项）。根据妥协效应的观点，此时8寸蛋糕被选择的概率，会比6寸和10寸蛋糕被选择的概率高。

一般人都会有"一分钱，一分货"的迷思，也就是说，价格高昂商品的品质想必不差，但价格低廉的商品，品质势必好不到哪里去。让我们来看下面的例子：

近年来很流行运动手环或运动手表，此类商品可以帮助监测睡眠状态以及心率，再加上体积轻巧，已成为颇受现代人青睐的商品之一。由于对此类商品并不熟悉，你上网查询了一下各品牌运动手环大约的价格区间，并以相似功能作为比较标准。

结果发现，A品牌的运动手环基本款仅1 000元的低廉售价，符合你对入门款运动手环的期待，但缺点是表盘设计稍微缺乏时尚感；C品牌的基本款售价5 000元，价格超出你的期待水准，但它的表盘设计相当符合时代潮流，深得你心。正当你在价格与手环设计感之间内心交战不已之际，你意外发现有一款功能相似的B品牌运动手环，3 000元的售价仍在你的预算范围内，表盘设计虽比不上C品牌那么具有时尚感，但也仍有相当的水准。此时你会选择B品牌吗？

妥协效应发生的前提是，人们对某一品牌没有特殊的偏好或偏恶，而且对于此类商品并不太熟悉，无法做出过于专业的判断，因此只能将外部线索（例如价格与外形设计）作为决定的依据。

以上面这个运动手环的例子来看，选择B品牌售价3 000元运动手环的概率，将会高于选择A品牌和C品牌运动手环的概率。A品牌和C品牌运动手环，由于在售价和表盘设计上各自具有优势与劣势（A品牌的优势是价格便宜，但劣势是不够时尚；C品牌的优势是具时尚感，但劣势是价格高昂），很难让人在选择决策上做出取舍（trade-off）。为了避免做出错误选择而日后产生后悔（选择A品牌可能日后觉得不够时尚，但若选择C品牌又觉得太贵），中间选项似乎是最保险的方案。

除了购物的情境之外，人生当中许多更加复杂的情境也可能被妥协效应所左右。再来看一个例子：

如果你现在正在转换职场的跑道，目前有 A 和 C 两家公司已经决定录取你，在其他条件相当的情况之下（例如公司规模和发展前景等），目前你把地理距离和薪水多寡列入唯二考量的因素。A 公司距离你家的地理距离较为遥远，需要一个小时的车程才能到达，但是每月的薪水比 C 公司多 5 000 元，足以补偿你的交通费和时间成本；但 C 公司距离你家只需要大约 20 分钟的车程，可惜薪水比 A 公司少了 5 000 元。当你正在犹豫不决之时，B 公司也来电告知你被录取了，B 公司距离你家的车程和薪水刚好都介于 A 公司和 C 公司之间，那么你该如何选择呢？

在其他条件不变的前提之下，你可能觉得 A 公司虽然薪水最高，但是距离你家最远，上下班通勤会花太多时间；C 公司虽然距离你家最近，但是薪水却是最低。与 A 和 C 两家公司相比，B 公司虽然薪水不是最高，但是距离你家不算太远，是属于可以接受的范围之内。因此，你选择 B 公司的概率应该最高。

基本上，妥协效应还是植根于人们常常使用"参考点"作为比较的标准。"比上不足，比下有余"正是妥协效应的中心理念。然而被拿来当作比较基准的参考点真的具有客观上的参考性吗？参考点基本上可以分为"内部参考点"（internal reference point）和

"外部参考点"(external reference point)两种。

上述的例子基本上都是以"外部参考点"作为比较的标准。然而,大家在做选择的时候,是否还是应该以"内部参考点"——亦即原本内心设定的标准——来当作评估的基准方为正途?一旦受到外部参考点的影响而"注意力转移"(attention redirection)之后,极有可能会做出背离初衷的非理性思考。

那么要如何避免此种非理性的思考模式呢?本书其他章节中所提到的"费雪宾模式"(Fishbein Model),便是一项很有用的工具,只要确定方案的属性种类与各自的权重,并就各备选方案予以客观评分,将有助于大家做出相对理性的选择。

由于资讯的不对称性,人生在世永远必须做出许多选择,特别是在众多方案都不够完美的情况之下。这种人生的抉择,除了考量人们的智慧以外,是否能够理性地评估众多选项,似乎才是最大的考验。虽然妥协效应有助于做选择,然而,"忠于初心",似乎才能摆脱妥协效应可能带来的误导。

Chapter 21

负面偏误
(Negativity Bias)

负面偏误（Negativity Bias）：美国社会心理学家罗伊·鲍麦斯特（Roy F. Baumeister）与专栏作家约翰·堤尔尼（John Tierney）在《负面的力量：负面效应如何支配我们，以及我们可以如何支配它》（*The Power of Bad: How the Negativity Effect Rules Us and How We Can Rule It*）一书中指出：负面事件的冲击通常比正面事件的冲击更为强烈。他们主张，人们与生俱来似乎具有一种不理性的倾向——负面事件对于情绪所带来影响的程度，远比正面事件对于情绪的影响更加强烈。在日常生活中，我们很容易地会放大负面批评的微言片语，却对大众的交相赞美无动于衷。我们"会在群众中看到有敌意的面孔"，但"忽略了所有友善的微笑"。

从心理学的观点来看，人们普遍具有"损失趋避"（loss aversion）的心态，大部分人在正常情境下都偏好采取"避免损失"，而非"势在必得"的心态，因为比起成功的喜悦，失败的痛苦所带来的打击似乎更为强烈。《负面的力量：负面效应如何支配我们，以及我们可以如何支配它》一书中也提到，那些给你正面肯定的朋友、同事等的"社会支持"所带来之正面影响，远不如那些抨击你的人的"社会破坏"所带来之负面影响。

用口语化的方式来说，负面偏误指的是在相同程度的情况之下，人们对负面讯息的事物会比正面讯息的事物留下更深刻的印象，而且赋予较高的信任度。也就是说，通常人们会赋予负面讯息比正面讯息更大的权重，因此会受到更大的影响。试想一下，你遗失了1 000元所带来的"痛苦"程度和捡到1 000元所带来的"快乐"程度，哪一种的冲击更为强烈？

我并非主张专门报道八卦负面讯息等的新闻媒体值得赞扬，而是说不论从国内、国外、成立时间长短，还是销售量来看，八卦媒体似乎都引领风骚。此一现象正可以说明"负面偏误"理论所主张的论点，也就是负面讯息的影响力远高于正面讯息的影响力。

自从2019年底开始，各种变种病毒不断主宰世界各国的报道，通过网络与新闻媒体大肆传播。长期累积下来的负面讯息，早已深植在社会大众的心中。由于负面讯息长期的累积，容易在民众的心中形成一股日益强烈的焦虑感,甚至于会降低人们的理性判断,更进一步地可能对民众的心理健康造成无形的严重伤害。

根据2021年6月的《两岸新新闻》报道,病毒肆虐全球超过一年以后,世界各地民众的心理健康状况逐渐走下坡路。美国、英国、日本等地的民众,特别是年轻学子产生轻生念头乃至付诸行动的数字大幅上升。虽然此一现象不能直接证明与负面讯息有直接关系,但数字在近两年之内大幅上升却是不争的事实。

然而要如何避免负面讯息带给大家心理健康上的冲击,不妨试试下列两种方式:

1. 回归原本正常的生活:也就是回到从前的生活作息,原本应该工作的时候就工作,休息的时候就休息,不要把太多的时间花费在太多充斥负面讯息的新闻媒体报道之上。

2. 找出纾压的方式:当自己感到承受巨大压力之时,应该设法离开让自己感受到压力的情境。不能外出的时候,但仍可以通过其他的方式进行排遣,例如上网购物、看电视、听音乐,或追求一些平常因为工作繁忙而无暇尝试的梦想。

"负面偏误"效应属于一种认知偏误,容易使一个人对讯息产生不理性且可能失准的误判。要如何避免"负面偏误"效应所带来的影响呢?我建议不妨多运用系统性的思考来取代捷思性的思考方式。

通常"负面偏误"效应之所以发挥强大的效用,是因为讯息接收者大多运用捷思法来处理讯息;如果改采用系统性的思考模式,负面讯息所带来的负面影响力,可望因审慎思考而逐步减轻。"平衡思考"无疑是对抗"负面偏误"效应的最佳解方。唯有摆脱"负面偏误"效应的羁绊,才能不役于物,朝向理性思考的境界迈进!

Chapter 22

阿伦森效应

(The Aronson Effect)

阿伦森效应（Aronson Effect）：1999年获美国心理学会颁发杰出科学贡献奖的美国心理学家艾略特·阿伦森（Elliot Aronson）主张，人们会对于那些对他们表示赞扬或正面肯定的人抱持好感，特别是在这些肯定的强度持续增加的情境下；相反地，如果此种正面肯定的强度持续下降，反而会比一味否定的情境令他们更为反感。

Chapter 22　阿伦森效应

在谈到"阿伦森效应"之前，我们必须先了解何谓"印象管理"（impression management）。在心理学的领域当中，"印象管理"又称为"自我展现"（self-presentation），它是由美国社会心理学家欧文·戈夫曼（Erving Goffman）教授通过一连串的观察与分析，在1959年他所出版的书《日常生活中的自我展现》（*Presentation of Self in Everyday Life*）中所提出的理论。"印象管理"主张，人们总是会试图以符合当下社会情境或人际互动背景的形象来展现自己，以确保他人对自己做出正面的评价。

印象管理是维持良好社会互动的一个基本手段。由于在不同社会情境或人际背景下，都有各自约定俗成的既有社会行为模式。此一社会行为模式传达了符合该情境或背景下的"同质性"（homogeneity）。通过此种同质性的呈现，人们渴望展现出"于己有利"的形象，并正面强化他人对自己的认知。

为何在谈论"阿伦森效应"之前要先谈印象管理呢？"阿伦森效应"告诉大家，在日常的工作与生活当中，应该如何避免由于自己的表现方式不当，而造成他人对自己印象的逆转。相反地，"阿伦森效应"也告诉我们，在他人印象形成的过程当中，应该如何避免受此种效应的影响，而对他人的印象产生错误的认知。

在"阿伦森效应"的实验当中，受试者被分为四组，分别为：被某人持续褒扬、持续贬抑、先褒后贬、先贬后褒。接着四组受试者被要求对此人给予评价，通过此种方式来观察被评价者对哪种人最具好感度与最低好感度。为了避免由于强度不同而造成实验结果的失真,"褒扬"或"贬抑"的强度均相同。

就直觉上来看,我们可能会猜测最具好感度的应该是"持续褒扬"的组别,而最具反感度的应该是"持续贬抑"。然而,实验结果证明,被评价者对于"先贬后褒"的情境最具好感度,而对于"先褒后贬"的情境则最反感。

"阿伦森效应"告诉我们:一般人似乎对那些对自己抱持不断强化正面态度或行为的人事物较具有好感,但对于那些对自己抱持不断弱化正面态度或行为的人事物最为反感。无论从经济学的"边际效用递减法则"(law of diminishing marginal utility)还是心理学的"适应性效应"(adaptation effect)的角度来看,都可以说明为何持续褒扬所造成的正面印象强度,或持续贬抑所造成的负面印象强度,分别都不如"先贬后褒"和"先褒后贬"。

"阿伦森效应"不仅可以运用在印象管理上,甚至可运用在两性关系与婚姻之上。

我很喜欢一首歌《你像个孩子似的》,其中有一段歌词对于生活与恋爱中的刻画十分深刻:"恋爱是容易的,成家是困难的;相爱是容易的,相处是困难的;决定是容易的,可是等待是困难的……"

在自由恋爱的前提之下,采取主动追求攻势的一方(通常是男性居多),往往会对另外一方使出浑身解数,不断地展现自己的才华与长处,并且关怀备至殷勤呵护。然而,一旦步入结婚殿堂之后,此种关怀与呵护可能便与时递减,造成原本备受呵护的一方极易感到心理不适甚至受创。因此在电视剧中常常会听到一句话:"你说,你有没有像婚前那么爱我? 婚前你都对我那么好,为何现在变得这么敷衍?"

针对此种情境,抖音上有一句很反讽的对白:"难道你考完试之后还会看书吗?"

通常男性在结婚成家之后,对女方的感情会被置于工作和生活之后,也就是这段感情的热度会逐渐降温,然而女方却可能相反,她们渴望能够维持婚前的感情热度甚至有增无减。此种男女双方对于感情的认知与预期心理不同,便是造成女性觉得男性不再像婚前那么爱她的原因所在。

事实上,很有可能并不是因为对方对自己的感情已不复存在,而是男女对于恋爱与婚姻抱持不同的观点所致;也就是说,男性通常觉得恋爱与婚姻是两码事,但是女性却渴望婚姻是恋爱的更高层次或进阶版。此种男女双方对感情在婚姻前后是否等量的分歧观点,是造成许多人婚姻关系不睦的主要元凶之一。

除了在爱情婚姻的情境之外,职场上也不时可见到"阿伦森效应"的身影。如果你身为一个企业老板,过去五年以来你每年都为员工调薪3%,但是今年由于景气不佳之故,你决定只调薪2%,此时员工可能会私下抱怨。但是如果过去五年以来每年都调薪 2%，今年虽然景气不好，但为了奖励员工去年整年的辛劳，你宣布今年大幅调薪 7%，此时员工可能会称赞你是千载难逢的好老板（请注意，这两种情境的历年总调幅都约为 18%）！获得此种正面回馈，"阿伦森效应"可说是厥功至伟。

每个人都喜欢听赞美自己的话，所谓"千穿万穿，马屁不穿"。即使不是拍马屁或谄媚，应该也不会有人对于真心赞美自己的话语感到反感吧？

"阿伦森效应"背后的心理机制便是：人们通常会对递减的正面肯定感到极度无法接受，但对于递增（甚至由负转正之逆转）的正面肯定却大表欢迎。此种认知的心理偏误会造成人际关系中，人们对他人对自己的印象易产生错误的认知。

因此无论是在两性关系、职场或其他人际互动的情境中，最好避免这种正面态度递减的表达方式，宁可一开始先采取较为保守的态度，再视情况逐步递增对他人的肯定，绝对有助于提升自我印象管理。但从回归到自我的观点来看，对外界的褒贬云淡风轻，无愧于心且勇敢地面对自我，"忠于原我"应该会比八面玲珑的伪君子，获得他人更多的真正尊重吧！

Chapter 23

过程导向 vs. 结果导向思维

(Process-Based vs. Outcome-Based Thinking)

过程导向（Process-Based）vs. 结果导向思维（Outcome-Based Thinking）：人们对于事件的评估，基本上可以分为"结果导向的思维"和"过程导向的思维"。结果导向思维鼓励关注个人想要达到的最终状态（例如，考试想获得高分），而过程导向的思维关注导致预期结果的循序渐进之过程（例如，学生设想如何通过有效方式以达到考试获得高分的目的）。一般而言，过程导向的思维通常比以结果导向的思维更有助于达成目标。具体而言，相对于结果导向的思维，过程导向的思维可以提高所欲完成任务的表现。早期雷达（RADO）表有一句经典的广告词"不在乎天长地久，只在乎曾经拥有"，便是典型过程导向的思维模式。

Chapter 23 过程导向 vs.结果导向思维

在日常生活中我们可以看到,美容产品广告通常会以美女来标榜使用该项产品后的成果,烹饪用品的广告展示美味的食物,健身器材的广告会展示使用者在使用了健身器材后健美的身材。由此可见,注重结果的讯息通常是比其他方式更具有说服力,且更受欢迎。

然而,过于注重结果可能会造成过于在乎做事的成效,也就是对于不良的成果采取"零容忍"的态度。不论在职场上、日常生活上,我们的一生不可能永远事事如意、尽善尽美,势必起起伏伏、有高有低,难道事事一定要力求完美吗?也许你听过某某人是完美主义者,但什么是完美主义呢?著名的德国哲学家弗烈德里希·尼采(Friedrich Nietzsche)曾经说过一句话:"在真善美的情境中,人们把自己设立为完美的标准;但在某些情况下,他只是沉溺在此情境中崇拜他自己而已。"

完美主义通常被认为是一种人格特质,其特点是追求完美,对目标表现的标准过高,并伴随着过度批评。完美主义者被视为是那些"对自己设定极高的标准,对低于标准的东西感到不满意"的人。在最近的临床心理学中,完美主义被认为是导致多种精神疾病的原因,例如饮食失调、强迫症、焦虑和自杀。然而,其他社会心理学研究人员却主张,完美主义未必一无是处,但可能同时具有负面和正面的影响,这取决于完美主义者如何解释他们的目标表现。完美主义可以分成"适应性完美主义"(adaptive perfectionism)

和"适应不良完美主义"(maladaptive perfectionism)。适应性和适应不良的完美主义者都有一个共同的特点,即对他们的目标表现有很高的期望。当那些高度的期待无法实现时,"适应性完美主义"者会采取自我调适的手段;然而,如果没有达到预期的目标表现,"适应不良的完美主义"者会对于自我给予严重的批评,并产生内疚与自责。

我有一位朋友,他自己本身是一位医生,他的太太是一位音乐家。他的大女儿在求学时期就凡事力求完美,不论是在课业上、音乐上、绘画上甚至在体育竞赛上都要求尽善尽美,不容许自己有任何失误产生。只要是参加比赛或考试,一定要得到第一名才甘心,因此生活压力非常大。为了在各方面的表现都达到最完美的境界,所以她每天的睡眠时间不超过五个小时,若是有任何一次的考试或竞赛没有拿到第一名或冠军,就会受到很严重的心理打击!

我有一次问他为什么要把自己女儿逼迫得这么紧,他说完全不是他的缘故,而是他女儿对自己的要求就是这么高,力求事事完美。我则是劝他必须要告诉他女儿一个观念:人生没有永远的第一名!即使一辈子都处于顺境也未必是件好事,"唯有些许的不完美才能成就人生真正的完美"!

上面的例子是告诉我们在日常生活中似乎应以过程导向为出发点,凡事尽力,对得起自己即可,不必太过在乎是否具有完美的结局。当你感到压力很大而无法轻松面对"结果导向"的不完美结局时，不妨暂时跳脱当下的情境，彻底放空自己，不论是出门旅行、听场演唱会音乐会，还是找朋友聊天，均有助于释放心理压力。但最重要的是，放下"只追求满分"的心态，才能回归自我。

然而在职场上，这个观念就必须做一些修正。想想另外一个情境：你的部门主管要求你在一周内完成一份工作上的评估报告，你自以为这份报告做得非常好，但你的主管看过这份报告以后却打了回票。此时你的内心可能会想"我已经尽力了啊"！

但是请不要忘记，在职场上，公司要求的是绩效与成果，而不是你是否已经尽力！如果觉得自己已经尽力，但还是未能达到公司所要求的绩效的话，那这个时候必须反省一下自己的做事方式与是否有哪些关键能力有待加强，而并非以"我已经尽力了"作为借口。

从上面的两个例子可以归纳出一个原则：在面对自己内心的时候，过程导向的评估有助于你的身心健康；但是在面对工作的时候，则必须做自我调适，让自己能够尽量符合公司以结果导向为评估标准的做法。

心理学家推荐了几种方法来减轻完美主义可能带来的负面影响：

1. 接受不完美的存在：这世界上没有完美的自己和个人，认清现实才能让自己活出真正的自我。

2. 完美要以现实为前提：一味盲目地追求完美而忽略现实的处境，只会让自己更加痛苦不堪。

3. 避免与他人比较："没有比较就没有伤害"，指的是"社会比较理论"当中的向上社会比较。这世界上可能永远有比你更优秀、更杰出的人，若你沉溺在无谓的"向上社会比较"当中，恐怕会让你陷入挫折感的漩涡中无法自拔。

在自我的人生追求当中，"唯有善待自己，并放下自己的执念"，才能让你享受不被束缚的人生，让身心得到释放！

Chapter 24

乐观偏差效应

(The Effect of Optimistic Bias)

乐观偏差效应(Effect of Optimistic Bias)：乐观偏差效应是一种认知偏误，它是指相较于他人，人们觉得自己经历负面事件的概率更低。"乐观偏差"是一种很普遍的现象，无论是任何性别、种族、国籍和年龄的人，都具有"乐观偏差"的倾向。心理学书籍中常常提到"我们通过玫瑰色眼镜看世界的倾向"，指的便是人们都有一种误以为事情最终都会圆满收场的倾向。例如大家都很熟悉的"天塌下来有高个子顶着""生命终会找到自己的出口"等说法。我们经常对我们的信念或判断，抱着比情理还大的信心，此种效应被称为"过度自信障碍"(overconfidence barrier)，也就是俗称的"自我感觉良好"。美国罗格斯大学(Rutgers University)的尼尔·韦恩斯坦(Neil D. Weinstein)教授曾提到，"乐观偏差"在许多情境之下似乎不会带来负面的影响，而且甚至有益于我们的身心健康。

首先我们来看看为何会有许多人具有过度乐观偏差的倾向。韦恩斯坦教授于1980年在《人格与社会心理学期刊》(*Journal of Personality and Social Psychology*)上的一篇文章《对于未来生活的不切实际乐观主义》("Unrealistic Optimism About the Future Life"),首度对人们的过度乐观主义倾向提出了见解。

该份研究的结果指出,人们通常评估自己发生正面事件的概率比其他人高,但是对于负面事件发生在自己身上的概率却又比其他人低。为何会有这种结果产生呢？韦恩斯坦教授观察到,对该事件的渴望程度(degree of desirability)、认知发生的概率(perceived probability)、个人相关的经验(personal experience)、认知的可控制性(perceived controllability),以及刻板印象显著性(stereotype salience),都会导致过度乐观偏差的发生。

对该事件的"渴望程度"是指通常人们对于正面的事件抱持高度期待会产生的幻想强度,但对于负面事件则会抱持相反的渴望。"认知发生的概率"是指正面事件发生在自己身上的概率,远比发生在别人身上更高,但是负面事件发生在自己身上的概率却比别人更低。乐透彩券便是一个很好的例子：大家明明知道中乐透的概率比走在路上被子弹打到的概率还低,那为何有这么多人却对乐透彩券如此疯狂？期待一夜致富好运降临的渴望,驱使人们络绎不绝地流连于彩券行前,特别是高额奖金即将开出的前夕。

"个人相关的经验"是指因为自己在某件事物上可能颇具经验或能力,所以一定比别人具有较高成功的机会或是较低的失败风险。中国北方有句谚语说"打死卖拳的,淹死会水的,"通常人们在某方面愈具有自以为是的优势或经验,反而更加容易阴沟里翻船,此种心态在心理学中称为"过度自信"(overconfidence)。

"认知的可控制性"是指就算负面事件不幸降临在自己身上,自己也有足够的能力去处理此一不幸事件,并把可能造成的危害降到最低。"一切尽在我掌握中"的认知偏误,便是造成人们高估自己并过度乐观的原因之一。诚然,原本认为自己具有高度的"认知可控制性"并非坏事,但若缺乏自我认知的能力,而做出错误的自我解读,一旦发生意外,恐将面对措手不及的窘态。

至于"刻板印象显著性"则是指某一些人之所以会发生某些负面的事件,必定有其共同的特征;而另外一些人之所以会蒙幸运之神降临,必定也有其值得学习之处。例如,会发福的人一定是平常喜欢吃高热量的食物,例如珍珠奶茶、巧克力等;那些具有魔鬼身材的人一定是很注重饮食均衡,且保有定期的运动习惯。我们常常习惯由事情的结果来反推发生的原因,却也常常因此落入归因(attribution)的陷阱。中国当代的文学巨擘鲁迅曾在《孔乙己》中引用过一句俗语"可怜之人必有可恨之处",如果这句话成立的话,是否人人称羡的幸运宠儿也必有其值得学习之处呢?答案恐怕是未必吧!

Chapter 24　乐观偏差效应

保险是一个很好的范例。二三十年前当保险的观念还不普及的时候，许多人对于保险业务员上门推销保险总是抱持着敬而远之的态度。但随着保险知识的普及，许多民众也开始对保险有了初步的认知与了解。早期的保险广告，描绘的情节大多是"天有不测风云，人有飞来横祸"的风险，你永远不知道下一刻会遭遇什么天灾人祸，有了保险才能让你万无一失。然而当年大多数人抱有过度乐观的心态，所以这些广告的成效似乎不彰。

过度乐观偏差会使我们对于事物的判断抱持着高于常理的信心，因此做出不合理性的判断。那么要如何避免自己产生过度乐观偏差效应呢？

除了充分掌握资讯之外，最重要的便是放下过度自信的迷思，不论是从对事件的渴望程度、认知发生的概率、个人相关的经验、认知的可控制性，还是刻板印象显著性的角度观察均是如此。乐观不是坏事，但过度的乐观恐会成为人生道路上的绊脚石！

相信自己固然需要勇气，但勇敢地面对真正的自己又何尝不需要更大的勇气呢？

Chapter 25

情绪效应
(The Emotion Effect)

情绪效应(Emotion Effect)：正面情绪真的有百利而无一害吗？答案恐怕未必是肯定的。当然，就主观而言，每个人都希望自己处于正面情绪的状态；然而，正面情绪也可能有些常为人所忽略的缺点。首先，正面情绪让我们更容易倾向对他人的要求或其他形式的说服说"OK"或予以肯定；再者，正面情绪会助长捷思法的思考形成，也就是为了节省心力而对"可得性捷思法"(accessible heuristics)产生较多的依赖。用口语来说，正面情绪会让人产生一种迷思：倘若一个讯息愈容易取得，它应该愈有影响力，愈具重要性。其背后的心理机制是，身处于此一资讯爆炸的时代中，捷思法导致人们可以不必多花认知资源去思索其他讯息，特别是当他们处于正面情绪之下。

以心理学的观点来看,心情(mood)和情绪(emotion)在定义上略有不同。心情是指一个人在某段时间之内所处的情感状态,属于一种主观感受,即使没有特定事件发生,仍然可能会形成某一特定心情。而情绪则是一种复杂的行为现象,其中涉及了许多不同程度的神经与化学作用整合过程,且较易受到外在环境的影响。

一个人当下的情绪状态不外乎三种:正面情绪、负面情绪与中立情绪。相对于负面情绪而言,正面情绪通常肇因于有正面的事件发生,致使内心的状态朝着正向发展。

相信绝大多数人都希望自己总是能够保持正面情绪的状态,但是正面情绪真的是有百利而无一害吗?学术界已有研究指出,人们在正面情绪的状态下,很有可能会低估风险,并导致不理性的决定。此一说法的背后逻辑是:正面情绪会让人们倾向于采用捷思法的思考模式,也就是仅运用极为有限的认知资源去处理分析现有的讯息刺激。

"情绪一致性模式"(emotion congruency model)更进一步指出,人们对事件的评价会受到情绪影响:正面情绪倾向对事物予以正面的评价,而负面情绪则较易产生负面的评价。从心理学的机制来看,当人们处在正面(或负面)情绪状态之下时,会将情绪对应到有正向(或负向)相关经验之记忆节点(memory node),并将此投射到该事物上,因而产生主观的评估。用口语化的方式来说,就是心情好的时候看什么都顺眼,心情不好的时候看什么都不顺眼。

然而,为何正面情绪未必一定有利呢?诚如前面所述,处在正面情绪下的人们在面对决策时,很有可能依赖直觉,也就是"推敲可能性模式"中所提到的边陲路径(peripheral route)去做判断,而非系统性的全面思考(systematical thinking),因此产生错误的判断。相反地,负面情绪比较容易让人们对于外界讯息刺激予以谨慎思考,并权衡其中的利弊,以免万一误判会造成情绪更为低落。当然极度的负面情绪也有可能造成对外界刺激的处理动机降低,因而甚至暂缓做出决定,也就是采取所谓的"决策递延"(decision deferral)模式。

我有一位年纪不算小的朋友,每当她在工作或生活上遭遇不顺利的时候,她往往会把自己的心灵之窗关闭,躲在墙角默默地哭泣,并且意志消沉长达数月之久。虽然此举可以解读为情绪宣泄的一种方式,然而情绪宣泄应该适可而止,不该让自己长期处于自怨自艾、怨天尤人的情境。

人生遇到问题应该勇于面对,设法找出解决之道,若是无法凭借一己之力顺利解决,也应该寻求友人或专业的协助。长期沉溺于情绪低落的情境,对于问题的解决完全于事无补,恐只是徒然浪费时间而已。

再看一个例子。在我刚开始教书的前几年,有一位在职班的同学想要办理休学,我在收到他的休学申请单之后,便打电话给他询问原因:"怎么啦?为何要办休学?"

他回答我说:"老师,因为我没有信心能够完成论文,一想到要写论文我就一片茫然,不知道该怎么进行,这些纷扰的思绪让我情绪低落,而情绪低落又让我更加没有信心,如此反复恶性循环,让我不知所措。所以想先办理休学,请老师体谅成全。"

"那你以后会回来办理复学吗?"我问。

"我下学期就会回来办理复学了,请老师放心。"

"你是因为不知道该如何写论文,造成情绪低落才想办理休学?那为何下学期就会知道如何进行了呢?"我追问。

"嗯!好像说的也是,那我就先不休学好了。"他恍然大悟。

上述场景的解决方式,其实只是逻辑思维而已。以客观的角度来看,人生遇到瓶颈应该是想办法加以解决,而并非自己躲在角落自我疗伤。诚然自我疗伤确实能够短暂修补受创的心灵,但是就长期来看,面对问题并加以解决似乎才是更重要的方向。不是吗?

过去已经有为数众多的研究指出,情绪可以说是蒙蔽人类判断力的元凶之一。在相同的条件下,不同的情绪状态会导致截然不同的判断结果。因此在面对人生抉择时,不妨试着先跳脱当下的情境,回头认清自己的情绪状态。正面情绪或负面情绪孰优孰劣并无定论,关键是你如何加以自处。首要之务便是权衡讯息刺激的重要性,而非自己的情绪状态。

也许你想知道,如果真的遭遇了极端的负面情绪该如何自处?

首先,试着抽离当下的情境,尽量让自己的心境放空,接触并从事自己感兴趣的事情。甚至近年心理学界很流行的艺术治疗、游戏治疗等,都有助于探索个人的问题及潜能,协助人们达到自我疗愈的效果,并让自己的心理素质变得更为强大。

然而,让自己的心理素质变得更为强大,并不是指让自己成为一个没血没泪、没有温度的人,而是要懂得在超过自身心理负荷的情况下从事情绪修复,藉由情绪修复的方法使得自己能够避免情绪效应带来的负面影响。

Chapter 26

演员—观众偏误

(Actor-Observer Bias)

"演员—观众偏误"（Actor-Observer Bias）："演员—观众偏误"又经常被称为"演员—观众效应"（actor-observer effect），是由美国社会心理学家爱德华·琼斯（Edward E. Jones）与理查·尼斯贝特（Richard E. Nisbett）于1971年所提出。在他们所出版的《演员与观众：行为成因的分歧认知》（*The Actor and the Observer: Divergent Perceptions of the Causes of Behavior*）一书中首度谈到"演员—观众偏误"这个名词，它意指我们通常会将造成自己行为的原因归于不可抗拒的外部情境，而将其他人的行为归因于内在的倾向（例如性格）。基本上，"演员—观众偏误"属于"基本归因谬误"（fundamental attribution error）的一种形式。

Chapter 26　演员—观众偏误

"演员—观众偏误"是社会心理学当中的一个名词——人们倾向于把自己的行为归因于外部的因素,却把别人相同或近似的行为归因于内部的因素。演员—观众偏误是属于一种归因偏误(attributional bias),它在我们认知他人和与他人互动当中扮演一个很重要的角色。基本上,人们似乎总是会视他们在某一情境中担任的是演员或观众的角色,而据以做出不同的归因。

"演员—观众偏误"特别经常发生在负面结果的情境当中。举例来说,当某人历经了一些负面事件之后,他通常会把此种负面的结果归咎于当下的情境;但是如果此种负面事件发生在他人身上,此时人们却会将此种结果归因于那些人咎由自取或是不当行为。

现代人外食的机会增加,饮食不均衡的状况时有所闻,因此不论男女,体重超标的人数愈来愈多。请试着想象一个情境:某天当你去医院领取年度的健康检查报告,医生叹了一口气苦笑着说:"你的体脂肪和胆固醇过高,饮食要均衡,并且要多运动,要恢复到正常人的水准才行啊!"

此时,你可能不会怪自己平常吃太多高热量的食物,反而自欺欺人地这么告诉医生:"我的肥胖是因为遗传的关系,我是个连喝水、呼吸都会发胖的人啊!"

但是如果你的朋友告诉你,他的体脂肪和胆固醇有过高的现象,你可能会半开玩笑地说:"谁叫你这么爱喝珍珠奶茶和吃咸酥鸡,你自找的啊!"

不论是哪种情况,你似乎都不会把体脂肪和胆固醇过高的原因,客观地归因为你自己毫无节制地暴饮暴食以及缺乏运动。简单地说,"演员—观众偏误"便是指当不好的结果发生在自己身上之时,我们会两手一摊地说:"我没办法啊!这不是我能控制的事。"但当这些不好的事件发生在别人身上的时候,我们就会说:"那是他活该自找的!"

心理学家还发现一个很有趣的现象:当"演员—观众偏误"发生在他人身上时,其程度的强弱也会视你和对方的熟悉程度而定。如果对方是你熟识的人或是亲朋好友,此种"认为对方咎由自取"的偏误程度会减弱。

研究结果还指出,此一现象可能是因为对方是你熟悉的人,所以你对于他的一些个人情况有所了解,因此比较不会产生偏误心态。但其实更合理的推测应该是,由于对方是你的亲朋好友,你在潜意识当中将他视为是"第二个自己",因此偏误心态的程度会降低。

"当局者迷,旁观者清"似乎可为"演员—观众偏误"作出最佳的诠释。当你扮演演员的角色时,由于无法观察到自己本身的行为,为了追求一般人渴望达到的高自尊(self-esteem)与自我肯定(self-positivity),自然而然地就会把负面结果归因为受到外在因素的干扰;但当你扮演观众的角色之时,由于对外界因素的变化

Chapter 26 演员—观众偏误

了如指掌,因此会将负面结果归因于内在的人为因素。

试着想象一个情境:如果有人对你讲话很没礼貌,你会对自己说,"哇,那个人今天一定遇到一些很倒霉的事,我完全能体会他为什么对我讲话那么没礼貌",还是你也会毫不客气地嘲讽对方是个没教养的人?

如果你的反应与后者相似,那么你便是把别人的行为归因于"这个人天生就是个粗人"(内部因素),而不是"他今天大概很倒霉"(外部因素)。但是如果情况反过来,如果你对别人出言不逊,你可能会说那是因为"我今天很倒霉,所以心情不好"(外部因素),而不会承认"我天生就很没水准"(内部因素)。

其实"换位思考"是人生中一个很重要的观念。你也许有过下列的经验:

当你骑电动车的时候,你觉得那些开汽车的人一点都不懂得礼让电动车,真是天生没水准(内部因素);但是当你自己开车而没礼让电动车的时候,你又会觉得那些骑电动车的人横冲直撞,我在赶时间耶(外部因素)!你们这些骑电动车的人不懂得让路吗?

当你身为员工的时候,你觉得老板给的工作压力太大真没良心,这个老板天生没血没泪(内部因素),但是当你当老板的时候,你又觉得这些员工一点都不够积极,做事都是得过且过,只求敷衍交差了事(外部因素);当你是顾客的时候,可能会认为店员的服务态度怎么如此糟糕，爱理不理的，这种个性天生就不适合当服务生啊（内部因素）！但是当你是店员的时候，你又觉得这个顾客怎么这么挑剔？自以为是谁呀（外部因素）？

　　其实在许多事情的观念上，双方的看法都不能说有问题，而是问题在于我们所处的位置不同而产生不同的立场。因此我们要懂得"换位思考"，切莫"换了位置就换了脑袋"。套句心理学术语，也就是要具有"同理心"。唯有懂得同理心，才可让你更加理解别人，不会堕入"演员—观众效应"的陷阱。在我们批评别人"换了位置便换了脑袋"的当下，是不是也该同时反思自己是否被"演员—观众效应"所左右呢？

Chapter 27

自利偏误

(Self-Serving Bias)

自利偏误(Self-Serving Bias):"自利偏误"理论早在20世纪60年代末至20世纪70年代便开始受到关注。然而,奥地利心理学家弗利兹·海德(Fritz Heider)发现,在模棱两可的情况下,人们会根据自己的需求作出归因,以保持更高的自尊;也就是说,"自利偏误"主要来自于我们处理社会讯息中的特定倾向,用以保护并增强我们的自尊。但另外有一派学者主张,人们创造的"自利偏误"是理性的,与个人的自尊需求无关。这意味着,如果事件的结果与人本身的期望一致,那么他们就会产生性格归因(内部因素)。但另一方面,如果事件的结果与人的预期不符,他们会通过归咎周围环境而非怪罪自己来做出情境归因。一般而言,人们将正面结果归因于内在因素而将负面结果归因到外在因素上的倾向,不但是一种很普遍的现象,同时对于自我保护还有很强大的作用。

Chapter 27　自利偏误

也许你曾经听过长辈提及当初他们的年代是多么地辛苦,每个人能求温饱都不容易了,哪里像你们这些年轻人现在这么好命?此种夸赞自己、贬抑他人的思想与行为倾向,在心理学上称之为"自利偏误"。以心理学的观点来看,"自利偏误"能够提高个人的自尊感,让自己在心态上处于高人一等的优势地位。抱持"自利偏误"心态的人,通常会把自己的成功归因为内在的个人因素,却将自己的失败或不成功归因于外在的因素。例如,这些人通常会觉得,自己的成功是因为本身的努力或者是能力比他人优秀;但如果是失败的话,则是因为没有贵人相助(外在因素),而不是自己的能力问题(内在因素)。

现今台湾地区的房价高涨,尤其是六大都会区的房价,已非一般领正常薪水的年轻人所能负担。但反观这些年轻人的父母或更上一辈的祖父母们,他们当年的经济条件应该比现在更加不如,但是他们很多人都拥有房地产(有些甚至拥有不止一户的房产)。因此年轻人可能会常常听到这些长辈们这么说:"我们当年这么困苦都买得起房子了,你们这些年轻人就是不知道节俭,总是乱花钱,所以才买不起房子!"

然而事实真的是这样吗?其实以经济学上的"房价所得比"来计算购屋能力,应该是一个相对较为客观的评估准则。所谓的"房价所得比",就是"房屋价格的中位数"除以"家庭年度可支配所得的中位数"。用口语化的方式来说,就是一个中等收入家庭在扣除必需的生活开销之后,需要花多少年才买得起一栋房子。

国际上一般认为房价所得比如果超过 6 的话,就代表房价偏高。然而,2021 年的统计结果显示,台北市、新北市和台中市的房价所得比都超过 10,其余的桃园市、高雄市和台南市的房价所得比也都超过 7。换句话说,台湾地区六大都会区域的房价所得比显然都偏高。让我们回到 20 世纪 70 年代看看,台北市精华区之一的光复北路和南京东路一带的当时房价所得比也不过是 8 左右。由这些科学的统计数据观之,现在年轻人买不起房子,似乎未必全然是年轻人理财方式有问题,房价飞涨恐怕才是关键所在!

以上以购屋为例来说明常见的"自利偏误"。事实上,除了时代优越感容易引发"自利偏误"之外,在职场上或是子女教育问题上也常见"自利偏误"的情况存在。

如果你目前是上班族的话,你可能在公司内会听到一些前辈诉说当年他们在刚进入职场之时是多么地辛苦,一切的物质和环境都不像现在这么进步,他们也是靠着自己的努力奋斗才有今天的成就和地位。你也可能听到他们在抱怨现在的年轻人都不愿意为工作全力打拼付出,只想安逸地过日子,甚至总结一句话:"真是一代不如一代啊!"

从现今的教育制度来看,台湾的大学考试近十年来的录取率屡屡高达 90% 以上。然而，此一现象对于现今五六十岁以上的人而言，简直是不可思议的奇迹！当年他们大学联考的录取率不到 20%，更别谈现今各种多元化的入学方式（例如推荐、直升、个人申请，等等）。因此，这些五六十岁以上的人会向年轻人这么说："你们年轻人真的是好命啊！想当年我们考大学难如登天……"

根据个人的观察，从各个层面的来看，上述所谓"倚老卖老"型的"自利偏误"可说是时代对立一个最主要的原因。公元两千年后出生的年轻人可能觉得六七十年代出生的人有幸赶上台湾地区经济蓬勃发展的脚步与股市荣景的阶段而致富，而且占据了现今绝大多数的社会资源；但反观自己由于台湾地区近 20 年来的经济成长停滞而看不到光明的未来。但六七十年代的人也很羡慕 00 后的现代化发展环境，怨叹自己早生了三四十年而当年享受不到。其实不论是哪一个时代，为何不试着抛下"自利偏误"的观点来看待彼此呢？

每个人也许都知道，由于时空背景的不同，这个世界上恐怕没有绝对的公平性存在，如果一味地将自己陷于立足点是否公平的泥沼中无法自拔，而忽略了凡事应该向前看的积极态度，只会错失让自己成长进步的契机，同时也会让自己变得怨天尤人，徒然感叹生不逢时！

你我都必须认清一个事实：人生没有回头的机会！也就是我

们常听到的一句话:"做了过河卒子,只能勇往直前!"唯有从内心真正放下"自利偏误"的观点,才能解决时代对立的问题,并进而创造属于自己的光明未来!

Chapter 28

布里丹毛驴效应

(The Effect of Buridan's Ass)

布里丹毛驴效应(Effect of Buridan's Ass)：14世纪的法国哲学家约翰·布里丹(John Buridan)，有一次在演讲中讲到一个寓言故事，大意是说：有一头小毛驴面对两堆无论是在数量、新鲜度、距离自己远近都相等的稻草时，它走到左边闻一闻其中一堆稻草，又走到右边闻一闻另外一堆稻草，始终无法下定决心要吃哪一份，在两堆稻草之间来来回回地犹豫不决，结果这头试图找出最佳选择的小毛驴竟然因此而活活饿死了。这则寓言故事告诉我们，有的时候太过执着于自以为是的理性选择，反而此种理性选择本身就是一种不理性的决定。

Chapter 28　布里丹毛驴效应

在上面这则寓言中，小毛驴由于过于执着于理性选择，反而做出了不理性的行为决策，后来人们便把此种行为称为"布里丹毛驴效应"（effect of Buridan's Ass）的写照。乍看之下，这头小毛驴似乎很傻，但是请回想一下，在日常生活中你是否也存有类似的矛盾心态？

许多人犹豫不决的主要原因，是不知应该从哪种角度做选择。心理学家将这种犹豫不决的心态简化成两种选择：遵循你的心，还是遵循你的脑？简单地说，遵循你的心就是感性的选择，而遵循你的脑则是理性的思考。感性的选择是"想要"（want），理性的选择是"需要"（need）。

"外貌与智慧兼具，理性与感性并存"，似乎永远是你我可望而不可即的梦想。在面临人生抉择的时候，无论你是从理性还是感性的角度出发，犹豫不决似乎都不应该列为优先选项。勇于选择永远优于不知所措的徘徊，虽然选择可能是一种耗费心力的过程，如果把自己困在左右为难的情境之下，恐怕是另一种形式的折磨。

相信大家都听过阿拉丁神灯的故事，我曾经听过一个类似的寓言。一天，有一位沙漠旅人在一望无际的沙漠中捡到一盏神灯，在好奇心的驱使下，他把神灯捡起来并加以擦拭。此时突然从神灯中钻出了一位天神。

"我因为犯了天条，被关在神灯中已经一千年了，谢谢你把我从神灯中释放出来。"天神十分感激地说。

"你看到前方有一座城堡吗？城堡内有三个房间，每个房间代表不同的礼物。你可以从这三个房间当中任选一个房间内的所有物品作为我对你的酬谢。"天神用手指着前方的城堡这么说道。

"但请记得，请务必在我手中的蜡烛燃尽之前返回这里，并告诉我你要选择哪个房间，否则一切都将化为乌有。"天神一边说着，一边随手取出蜡烛并点上。

到达天神所指定的城堡之后，这位旅人迫不及待地推开了第一扇门，发现里面有数不尽的奇珍异宝、光彩夺目，金碧辉煌的装潢让他的眼睛几乎快睁不开了。他本来想不要再往下看了，就选择这个房间，但在好奇心的驱使下，他推开了第二扇门，映入眼帘的是满屋子充满异香的珍贵食材，偌大的餐桌上有一张纸条写着："每天享用这些食物，可以让你永葆健康，长生不老。"

他的内心交战着，到底要选第一个房间，还是第二个房间呢？在内心犹豫不决的情况之下，他又推开了第三扇门，第三个房间之内摆放了满屋子的书籍，精致的书桌中央有一颗光泽耀眼的智慧之珠。在这颗珍珠旁边有一张纸条，上面写着："拥有这颗智慧之珠，可以让你成为全世界知名的作家，备受世人尊崇。"

霎时间，珍宝、长生不老、声名，仿佛都在向他挥手召唤……此时他心中想着，若有了黄金珍宝，我就可以过着奢华的高品质生活，但随即又想到，若是无法长生不老，拥有用之不尽的珍宝又有何用？接着又想到，即使自己能够长生不老，但却一生默默无名，这和苟活于世有何差别？一时之间，他感到脑海中天旋地转一片混乱，不知该如何取舍。正当他内心踌躇着在这三个房间来来回回地踱步，不知该如何决定之际，不知不觉地时光飞逝，"轰"的一声巨响，这位旅人急急忙忙地跑回原本和天神约定的地方，只见到掉落在地上已燃烧到尽头的蜡烛。霎时间，天神、神灯以及这座城堡全部都消失无踪……

这则故事的不完美结局，也许归因于这位旅人的犹豫不决，就如同"布里丹毛驴效应"中的那头小毛驴一样，选择犹豫，没有勇敢地做出选择。

人生本来就是由许多选择题组合而成的。然而，在人生的道路中，许多人都试图追求"最佳解"，而非"相对较佳解"。为了追求心目中的"最佳解"，许多人都堕入了"拿起又放下"的无尽循环，并把过多的时间花费在徒劳无功的无尽追求之上。

例如，股市起起伏伏，永远没有人能够预知何时是最佳买点与卖点，即使股市之神巴菲特也有看走眼的时候。唯有在相对高点的时候选择卖出，相对低点的时候选择买进，才能避免亏损的风险。这个道理人人都懂，但人们一旦身历其境，"要卖时考虑是否还会再涨，要买时考虑是否还会再跌"而犹豫不决，通常会延误进出股市的最佳时机。

追求完美原本无可厚非，但是一味地盲目投入在遥远天边且无法预知未来的赌注，真的是明智的抉择吗？无论在人生、工作上，我们都面临了一连串的单选题，若是为了其中的一两题犹豫不决而导致无法做完全部的试卷题目，岂非因小失大？为了一棵树而放弃一座森林，恐非智者的选项。因此，当机立断的明智选择，已成为现代成功人士的技能之一。就如同在商场上的厂商都很清楚，若是一直踌躇着某项新产品是否已经百分之百地尽善尽美才推出上市，恐怕会让竞争对手捷足先登而错过市场先机。

　　在人生大事上的抉择也是如此。台湾地区"不婚族"的比例颇高，在我周围的朋友中，亦有许多人已经超过了适婚年龄却尚未成家。在过往的聊天过程当中，我曾询问他们尚未成家的理由，所获得的答案大部分不外乎两种：尚未找到我心目中完美的对象，以及尚未找到比我更优秀的人。通常男性的回答是"因为没有找到心目中完美的对象"，此时我通常会问："什么是你心目中完美的标准呢？"所得到的答案，从外貌、身材到家世、职业、性格是否相符，等等，不一而足。而女性的回答通常是："我当然要找比我自己优秀能干的男生，如果对方条件比我差的话，我为什么要和他在一起呢？"

　　每个人要寻找自己心目中的 Miss Right 或是 Mr. Right 当然无可厚非，但是除非抱持着"如果等不到，这辈子单身也无妨"的心态，否则极有可能会错过美好的姻缘。选择单身这件事本身没有所谓的是非对错，只不过是个人的选择。只要有把握能对自己的选择负责，不要为当年的犹豫不决感到后悔，也算是一种人生的历程与对生命的试炼。

在现代的婚姻关系上，婚姻不应该如同速食面一般地即泡即食，即使经过长期的相处，仍然有可能需要历经磨合的过程。男女双方各自就如同一块璞玉，彼此都是对方的玉匠，通过互相琢磨的过程才能让彼此发出更加璀璨的光泽。若是因为对方目前不是光彩夺目的钻石而迟疑不敢决定携手一生，那么自己和"布里丹之驴"又有何差异？"天作之合"永远只是婚宴场合的祝福语，唯有通过彼此的细心雕琢，才能成就一对具有温润光泽的玉石！

Chapter 29

讯息多面性效应
(The Message Sidedness Effect)

讯息多面性效应(Message Sidedness Effect)：只谈正面讯息真的比较好吗？单面讯息或双面讯息对态度或信念改变的说服效应称为"讯息多面性"效应。简而言之，"讯息多面性效应"可以追溯到美国耶鲁大学心理学家卡尔·霍夫兰(Carl Hovland)与另外两位心理学家亚瑟·朗斯丹(Arthur Lumsdaine)和福瑞德·雪菲尔德(Fred D. Sheffield)有关说服讯息的研究，他们指出如果大众一开始便对某一特定讯息的观点持保留态度时，双面讯息会比单面讯息更具有说服力。

Chapter 29　讯息多面性效应

就某种程度上而言,"讯息多面性效应"似乎有点违反直觉,一般常理是,当呼吁大家接受某一主张时,不应提出负面或令人可疑的论点,以免引起犹豫和怀疑。然而为何双面讯息可能会对态度和认知反应产生正面影响?首先,双面讯息明确承认在某些属性上未尽如人意,此举有助于阻止大家对这些属性产生进一步的反驳;再者,这些自承未尽理想的说法会增强讯息中其他正面论点的可信度,因而成功地说服大众。

金庸小说《鹿鼎记》中韦小宝这号人物,无论从电影还是小说中,想必大家对他均耳熟能详。韦小宝是个滑头的小坏蛋,没念过什么书,却对人性洞悉得颇为透彻。《鹿鼎记》中提到,韦小宝说谎的时候,他会把握一个原则:"三分真,七分假。"换句话说,如果整句话全部都是谎言的话,比较容易露出破绽;但如果整句话的内容真中带假,假中带真,可信度就会提高。

"讯息多面性效应"也是类似的概念,只不过重心并不在于内容的真假,而是正面与负面讯息是否同时存在。单面讯息是指,讯息中一面倒地只包含正面或隐恶扬善的内容;而双面讯息则是指讯息内容同时具有正面与负面的讯息,但其中的重点是优点相对突出,而缺点则相对地微不足道,也就是所谓的"瑕不掩瑜"。

大家都有看广告的经验,不论是电视广告、报纸杂志广告、网络广告,映入眼帘的内容几乎千篇一律地对于广告中的商品赞誉有加,仿佛是万中选一的优良产品。若你一旦错过,势必后悔终生。然而，消费者的反应真的如同厂商所想的这样吗？消费者对于广告所宣称内容真的会照单全收而没有丝毫质疑吗？答案恐怕是否定的。根据广告学者的研究，一般人对于广告内容的相信度仅有39％。换句话说，广告内容中的叙述，消费者对之采取相信态度的程度不到一半。

那为何厂商总是选择正面陈述而刻意淡化或忽略负面陈述呢？就直观的逻辑思维来看，厂商若自承产品的缺点，恐会引起消费者不必要的负面联想（negative association），因而对产品抱持观望的态度。虽然此一观点不能说是有误，但仔细地推敲其中的内涵，难道消费者不会觉得只谈产品优点的厂商有"王婆卖瓜，自卖自夸"的嫌疑吗？

美国耶鲁大学心理学家卡尔·霍夫兰（Carl Hovland）与另外两位心理学家亚瑟·朗斯丹（Arthur Lumsdaine）和福瑞德·雪菲尔德（Fred D. Sheffield）的研究指出，如果消费者一开始便已经对该产品有所疑虑，双面讯息手法反而会是较佳的广告策略。因此，到底是否要采取以往行之有效的单面讯息策略，恐怕是一个值得厂商深思的问题。

即使如此，绝大多数的广告都还是侧重或完全地把广告内容的重心放在介绍自家产品的优点，也就是单面讯息策略，绝少有厂商甘冒自承产品缺点的风险。许久以前，某一品牌的洗碗精标榜"百分之百纯天然植物性配方，保护您的玉手，就算贵一点也值得"。以此为例,"纯天然植物性配方"与"保护您的玉手"为正面讯息(优点),"贵一点"为负面讯息(至少对于不少人来说是缺点)。以"讯息多面性效应"来看,该厂商采取的便是"瑕不掩瑜"的双面讯息策略。

此前在很多电视相亲节目中,许多男女来宾有不少是"外在内在兼具",无论个性、长相、气质、外形还是谈吐均为百里挑一的一时之选。姑且不论参加的来宾是不是节目制作单位找来的"演员",但是男女来宾的内在与外在条件如此之佳,令人不禁怀疑为何需要参加相亲节目寻找恋爱的对象。也难怪有关于节目造假的传闻甚嚣尘上了。

在男女交往的感情道路之上,无论是男性还是女性,在感情开始发展的初期,基本上都是隐恶扬善,也都是尽量表现出自己的长处,隐藏自己的缺点,让人产生一种近乎完美的观感,也就是双方都采取的是"讯息多面性效应"中的单面讯息策略。然而久而久之,潜伏在性格中的弱点便会逐渐展现出来。

为何会造成这种常见的现象呢?说穿了很简单,也就是双方交往初期,由于对彼此印象过于高估,而造成超量的心理预期(psychological expectations),一旦随着双方彼此的习惯变化,内心本质便会逐渐展现,此时双方才发现原来心中所爱的只是自己幻想出来的对象,完美偶像只是一个泡沫。

爱情本身便具有盲目的本质,当你陷入爱情之中才会更加明白。虽然很多场景只是发生在十多岁少男少女的青涩之恋（puppy love）中，然而不可否认，在成人的世界，无论是刻意或是误解，在交往初期，误以为对方就是完美的化身，并且觉得相见恨晚，此种场景也屡见不鲜。

为了避免"因误会而结合，因了解而分手"的情节一再上演，在交往的过程中，男女双方都应该坦诚地展现自己。这世界上绝不存在完美的人，你我所需要的只是和自己在各方面能够彼此调适的对象，而非那个存在自我想象中完美的形象。"过度完美总让人有种不真实的感觉"，不是吗？唯有真诚，才能让你在感情的路上不再跌跌撞撞，早日找到真正属于你的真命天子或真命天女。

Chapter 30

同温层效应

(The Stratosphere Effect)

同温层效应(Stratosphere Effect):又称为"回响室效应"(echo chamber effect),通常是指在一个相对与外界隔离的环境中,某些观点相近的声音不断重复出现,并持续地以强烈或更夸张的形式一再重复放大音量,让整个环境中充斥着排他的观点,犹如回音的效果一般,并因此使得处于该封闭环境中的大多数人认为这些非全面且经过扭曲的观点就是事实的全貌。在现代社会中,由于网络中社群媒体蓬勃地发展,同温层效应的现象更加普遍。

Chapter 30 同温层效应

在目前网络发达的社会中，有许多线上社群媒体（例如Twitter 或 Facebook），提供了几乎即时而且几乎无成本的方式，让消费者彼此可以畅所欲言地交换讯息。而这些社群媒体的获利来源是什么呢？答案是——所有社群媒体都希望用户能够在该平台停留更久的时间，借此获取更高的广告收入。这些社群媒体通过大数据分析的技术，来获取用户的浏览与搜索记录，并针对这些用户的使用习惯来推播符合这些用户观点或需求的网站或商业讯息。几乎当下所有的社群媒体网站都是以此种方式来强化本身的获利。

这些社群媒体以前所未有的扩散能力，形成了讯息传播的平台，并极度影响我们对讯息认知的接受度。在以分众为基础的社群媒体中，同质化是一种极为普遍的现象。也就是说，人们更喜欢与他们观点相似的人并与其互动。同质化（homogenization）导致了在现实社会或虚拟社会中，自然而然地通过两极化（polarize）的运作模式，将所有群体划分为各自具有不同观点的次群体（subgroup），并因此形成了各自的回响室（echo chamber），各个回响室内成员的观点趋近于一致，且随着时间的推展，彼此的思想与情感更为凝聚。

以最白话的方式来说，"同温层效应"就是一群观念、立场或价值观彼此相似的人们聚在一起相濡以沫或互相取暖，并且同仇敌忾地对于外界不同的观点嗤之以鼻。

同温层原本是气象学上的专有名词,依据温度的垂直分布与变化来区分,大气层自下而上可以分为对流层、平流层、中间层和增温层、外层五种,其中"同温层"又称为"平流层"。与其他气层相比,由于平流层内的大气基本上是维持同一水平而少有垂直方向的流动,所以平流层内的气流相对于其他气层较为平稳。后来心理学家们也开始运用认知的观点来诠释"同温层效应",并以同温层来类比人们喜欢接近与自己意见、观点、立场相近的人事物之现象。

由于我们每天所接收到的讯息刺激多如牛毛,感官系统无法对所有刺激均加以处理,因此必须通过筛选的过程来过滤出自己可能感兴趣的讯息。然而感官系统也可能会发生漏网之鱼的情况,而让某些不速之客的讯息得以跨越感官门槛(sensory threshold),甚至意识门槛(threshold of consciousness)。当人们意识到与本身的价值观和立场不同的讯息闯入自身的同温层之时,极易产生认知失调(cognitive dissonance)的现象。为了解决这种心理不适的状态,认知体系通常会采取"选择性扭曲"(selective distortion)的做法来舒缓此种心理不适感。"选择性扭曲"是指人们对于那些与自我感觉或信念相冲突的资讯,从知觉解释上予以改变或曲解。

以欧美国家的选举为例,在各自支持的阵营内,支持者即使彼此不认识,也会因为相同的政治理念而感到彼此心灵的契合,对于同一阵营内支持者的言论与看法，通常会表达出包容与认同的态度。但对于敌对阵营的言论，群体内的所有支持者几乎一律炮口对外地表达出鄙视甚至唾弃的看法，这便是典型的"同温层效应"。

"同温层效应"不只被应用在网络世界与政治认同的领域当中，在组织心理学界也有类似的说法。20世纪初期的意大利哲学家安东尼奥·葛兰西（Antonio Gramsci）便曾提出了类似"同温层效应"的"集体迷思"（group think）概念。美国心理学家艾尔文·詹尼斯（Irving Janis）更利用"集体迷思"一词来诠释，为何在团体中集合众人之智反而容易作出不理性的决策。

詹尼斯指出，在集体决策的过程中，由于团队成员倾向让自己的观点与其他人趋于一致，以避免自己成为众矢之的，因此反而导致该群体在缺乏多元性思考的角度下，无法对决策进行客观的分析。在弥漫着"集体迷思"的情境下，与众不同或别具新意的观点，将会自动地销声匿迹。

虽然"同温层效应"有助于个人的心理健康，但是对于整个社会而言却未必是件好事。由于"同温层效应"的两极化（polarization）特性，容易造成不同观点的人或群体产生极端性（extremeness）与排他性（exclusiveness）。也就是说，非属同一同温层内的人们倾向于彼此互相对立，甚至于敌视。对于现代多元化的民主社会发展，恐怕是弊多于利。

那么要避免"同温层效应"无限制放大所带来的价值误判，不妨先从个人做起：

1. 包容异议：有"法兰西思想之父"称号的 18 世纪法国哲学思想家伏尔泰（Voltaire）有句名言："虽然我不认同你，但是我誓死捍卫你发表言论的权利。"这句话想必每个人都耳熟能详，但放诸四海，无论在现实或虚拟社会中，真正能确实服膺者恐怕寥寥无几吧！

2. 接受不同观点的讯息："同温层效应"最为人所诟病的一点便是，对于和本身立场、观点、价值观相左的言论无法采取宽容的态度，单方面地认为自身的认知才是真理，而且具有放诸四海皆准的客观性。此种主观的认知偏差，并无助于认清事实真相与未来自我成长。唯有对不同看法能够表达出兼容并蓄的态度，才能打破仅局限于互相取暖层面的认知框架。

看完以上有关于"同温层效应"的说明之后，不妨扪心自问："今天，你离开同温层了吗？"